# 建设工程招投标与合同管理

王玉娥　曲　波　张志毅　著

吉林人民出版社

**图书在版编目(CIP)数据**

建设工程招投标与合同管理 / 王玉娥，曲波，张志毅
著. —长春 ：吉林人民出版社，2023.9
ISBN 978-7-206-20641-2

Ⅰ. ①建… Ⅱ. ①王… ②曲… ③张… Ⅲ. ①建筑工
程－招标②建筑工程－投标③建筑工程－合同－管理
Ⅳ. ①TU723

中国国家版本馆 CIP 数据核字(2023)第 216928 号

**建设工程招投标与合同管理**

JIANSHE GONGCHENG ZHAO TOUBIAO YU HETONG GUANLI

---

著　　者:王玉娥　曲　波　张志毅
责任编辑:金　鑫
出版发行:吉林人民出版社(长春市人民大街 7548 号　邮政编码:130022)
印　　刷:吉林省海德堡印务有限公司
开　　本:787mm×1092mm　1/16
印　　张:14　字　　数:210 千字
标准书号:ISBN 978-7-206-20641-2
版　　次:2024 年 4 月第 1 版　印　　次:2024 年 4 月第 1 次印刷
定　　价:58.00 元

---

# 前言

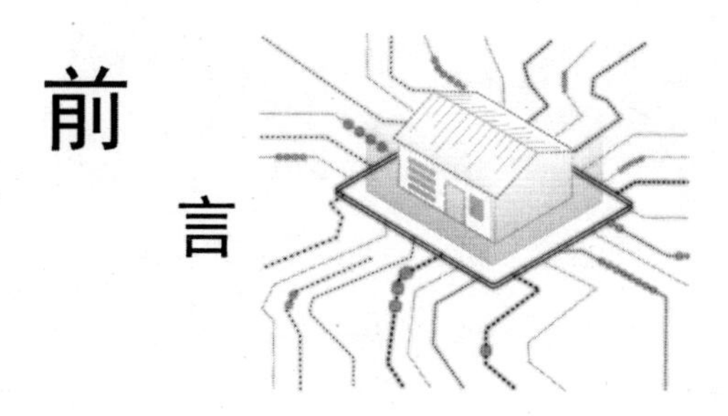

近年来，随着我国建筑事业的蓬勃发展，与之相关的建筑工程管理制度和体系也在不断地健全和完善。工程招投标是目前我国乃至国际上广泛采用的建筑工程交易方式，建设工程招投标与合同管理既是建设工程活动中十分重要的工作，也是建筑企业主要的生产经营活动之一。施工企业能否中标获得施工任务，并通过完善的合同管理及其他方面的管理而取得好的经济效益关系到企业的生存与发展。因此，招标投标与合同管理在整个企业经营管理活动中占据着十分重要的地位，发挥着巨大的作用。

建筑工程作为我国重要的产业支柱行业之一，除了要在产品质量上精益求精，更要从招投标与合同管理这一源头上加以改进，从而使建筑工程实现质量与管理的双重优化。建设工程招投标与合同管理是建设工程项目管理中的重要环节，对于保障工程的顺利进行和质量的保障具有重要的意义。需要充分考虑项目的实际需求，选择合适的招标方式，合理编制招标文件，严格执行合同约定，及时处理好各类问题，以确保工程项目的顺利进行。也需要加强对建设工程招投标与合同管理的政策法规和实践经验的研究和总结，提升建设工程项目管理水平，推动建设工程的可持续发展。

本书可作为高等院校工程管理、工程造价、房地产经营与管理、土木工程等专业的教材或教学参考书，也可供工程招投标人员、预算报价人员、合同管理人员、工程技术人员和企业管理人员业务学习使用。因此，本书的撰写以知识全面、实用性强为原则，旨在学以致用。

# 目 录

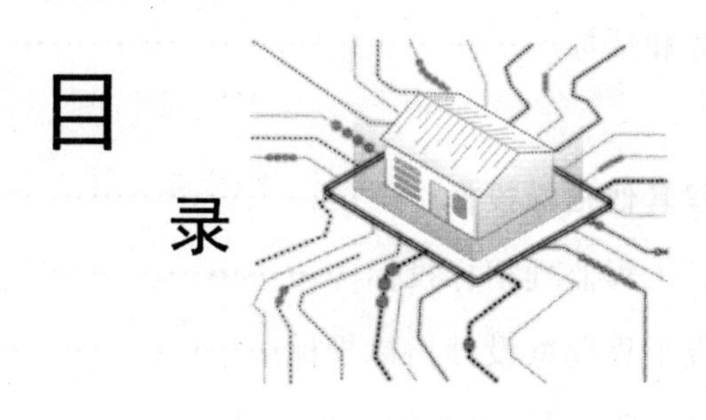

# 第一章　建设工程基础理论

## 第一节　建筑市场

### 一、建筑市场概述

(一)建筑市场的概念

建筑市场是指以进行建筑商品及相关要素交换活动为主要内容的市场，一般称为建筑市场或建筑工程市场。建筑市场有广义的建筑市场和狭义的建筑市场之分。

广义的建筑市场包括有形建筑市场和无形建筑市场，既包括与建筑有关的技术、租赁、劳务等各种要素的市场，也包括依靠广告、通信、中介机构或经纪人等为建筑提供专业服务的有关组织体系，还包括建筑商品生产过程中的经济联系和经济关系等。因此，广义的建筑市场是建筑生产和交易关系的总和，或称建筑产品和有关服务的交换关系的总和。

狭义的建筑市场是指以建筑产品为交换内容的市场，主要表现为建设项目的建设单位(业主)和建筑产品的供给者通过招投标的方式形成承发包的建筑产品的交换关系。

(二)建筑市场的分类

1.按交易对象

按交易对象来划分，建筑市场可分为建筑产品市场、资金市场、劳动力市场、建筑材料市场、设备租赁市场、技术市场和服务市场等。

2.按交换范围或地理场所

按交换范围或地理场所来划分，建筑市场可分为国际建筑市场(也称海外承包市场)和国内建筑市场,国内建筑市场又可分为城市、农村、部门、地区等建筑市场,或分为宏观建筑市场与微观建筑市场。

3.按有无固定交易场所

按有无固定交易场所来划分,建筑市场可分为有形市场和无形市场。

4.按固定资产投资主体

按固定资产投资主体来划分,建筑市场可分为国家投资形成的建筑工程市场、企事业单位自有资金投资形成的建设工程市场、私人住房投资形成的建筑工程市场和外商投资形成的建筑工程市场等。

5.按建筑产品的性质

按建筑产品的性质来划分,建筑市场可分为工业建筑工程市场、民用建筑工程市场、公用建筑工程市场、市政工程市场、道路桥梁市场、装饰装修市场、设备安装市场等。

(三)建筑市场的特点

1.建筑市场的范围广、变化大

凡是有生产或有人生活的地方,都需要建筑产品。建筑产品遍及国民经济各个部门和社会生活的各个领域,为建筑企业提供了广阔的市场。而建筑产品的需求既取决于国民经济的发展状况,又取决于消费者的消费倾向。因此,建筑市场的需求状况是不断变化的。

2.建筑市场的交换关系复杂

建筑产品的形成涉及用户(业主)、勘察、设计、施工和中介机构等多方的经济利益关系。这些关系不仅依靠用户和各个环节的生产单位,还必须按照基本建设程序和国家的有关法律法规、政策,围绕建筑产品的形成来维护。

3.建筑产品订货交易的直接性

在一般商品市场中,用于交易的商品具有同质性和可替代性,即同种产品的不同生产者向市场提供的商品对消费者来说,基本上是相同的。而建筑产品则表现出多样性的特点。市场上的建筑产品是由消费者特定的需求决定的,这就决定了建筑产品的单件性,决定了建筑产品只能由生产者直接与需求者就建筑产品的质量标准、功能、规模、价格、交工时间、付款方式和时间等内容商定交易条件，按照需求者的具体要求，在指定的地点为需求者建造建筑产品。

4.建筑产品交易的长期性和阶段性

建筑产品的生产一般需要较长的时间，这就决定了建筑产品的价值只能分批分期实现。建筑产品交易关系的完全实现存在于建筑产品的形成过程中，需要经历较长的时间。而在建筑产品生产周期内，各阶段交易的内容、交易的时间不完全相同，建筑产品的交易必须按照工程合同的规定，结合各阶段的特点，办理各阶段的交易活动，最终促成整个交易关系的实现。

5.建筑市场定价方式的独特性

市场竞争在商品功能、质量相同的前提下，主要表现在价格的竞争，建筑市场的竞争也不例外。但是，建筑市场定价程序不同于其他的商品，它是由建筑产品需求者与建筑产品生产者以招标投标的方式达成预期价格标准。而这种预期价格往往按照双方事先议定的条件，根据建筑产品生产过程中发生的某些变化对预期价格作出相应的调整。因此，只有在建筑产品竣工验收后，才能最终确定其价格。

6.建筑市场的风险性

建筑市场有竞争，加上建筑产品的投资巨大，因此必然存在着风险。与一般市场不同的是，建筑市场中的风险较大，且这种风险对建筑产品的生产者和需求者来说都具备。

(四)我国建筑市场管理体制

我国的管理体制是建立在社会主义公有制基础之上的。随着社会主义市场经济体制的逐步建立，政府在机构设置上也进行了很大的调整，保留了少量的行业管理部门，为管理体制的改革提供了良好的条件，使原先的部门管理逐步向行业管理转变。

## 二、建筑市场的主体和客体

(一)建筑市场的主体

建筑市场的主体是指在建筑市场中从事建筑产品交易活动的各方，

主要有业主、承包商和工程咨询服务机构等。

1.业主

业主是指既有某项工程建设需求，又具有该项工程的建设资金和各种准建手续，在建筑市场中发包工程项目建设的勘察、设计、施工任务，并最终得到建筑产品，达到其经营使用目的的政府部门、企事业单位和个人。在我国，业主也被称为建设单位，因只有在发包工程或组织工程建设时才成为市场主体，故又被称为发包人或招标人。因此，业主方作为市场主体具有不确定性。我国的工程项目大多数是政府投资建设的，业主大多属于政府部门。为了规范业主的行为，建立了投资责任约束机制，即项目法人责任制，又称业主责任制，由项目业主对项目建设全过程负责。

项目业主的产生，主要有以下三种方式。

(1)业主是原企业或单位

政府部门、企事业单位投资的新建、扩建、改建工程，该政府部门、企事业单位就是项目业主。

(2)业主是联合投资董事会

由不同投资方参股或共同投资的项目，则业主是共同投资方组成的董事会或管理委员会。

(3)业主是各类开发公司

开发公司自行融资或由投资方协商组建或委托开发的工程管理公司也可以称为业主。业主在项目建设过程中的主要职能：建设项目立项决策；建设项目的资金筹措与管理；办理建设项目的有关手续(如征地、建筑许可等)；建设项目的招标与合同管理；建设项目的施工与质量管理；建设项目的竣工验收和试运行；建设项目的统计及文档管理。

2.承包商

承包商是指拥有一定数量的建筑装备、流动资金、工程技术和经济管理人员以及一定数量的工人，取得建设行业相应资质证书和营业执照的，能够按照业主的要求提供不同形态的建筑产品并最终得到相应工程价款的建筑施工企业。

相对于业主，承包商作为建筑市场主体是长期和持续存在的。因此，无论是国内还是国际惯例，对承包商一般都要实行从业资格管理。

承包商在市场经济条件下，承包商需要通过市场竞争（投标）取得施工项目，需要依靠自身的实力赢得市场，承包商的实力主要包括以下四个方面。

（1）技术方面的实力

技术方面的实力是指有精通本行业的工程师、造价工程师、经济师、会计师、建造师（项目经理）、合同管理专业人员等；有施工专业装备；有承揽不同类型项目施工的经验。

（2）经济方面的实力

经济方面的实力是指具有相当的周转资金用于工程准备；具有一定的融资和垫付资金的能力；具有相当的固定资产和为完成项目需要购入大型设备所需的资金；具有支付各种担保和保险的能力；具有承担相应风险的能力；具有承担国际工程所需的筹集外汇的能力。

（3）管理方面的实力

管理方面的实力是指建筑承包市场属于买方市场，承包商为打开局面，往往需要低利润报价取得项目，必须在成本控制上下功夫，向管理要效益，并采用先进的施工方法提高工作效率和技术水平，因此，必须具有一批高水平的项目经理和管理专家。

（4）信誉方面的实力

信誉方面的实力是指承包商一定要有良好的信誉，它将直接影响企业的生存与发展。要建立良好的信誉，就必须遵守法律法规，保证工程质量、安全、文明施工，能认真履约。承包商招揽工程必须根据本企业的施工力量、机械装备、技术力量、施工经验等方面的条件选择适合发挥自己优势的项目。

3.工程咨询服务机构

工程咨询服务机构是指具有相应的专业服务能力，在建筑市场中受产品需求者、生产者或政府管理机构的委托，对工程建设进行估算测量、咨询代理、建设监理等服务，并取得服务费用的咨询服务机构和其他建设专业中介服务组织。如近年来出现的建设工程交易中心，它集信息服务、场所服务和集中办公服务于一身，是建筑中介组织。

在我国，目前数量最多并有明确资质标准的是勘察设计机构、工程监理公司和工程造价(测量)咨询单位、招标代理机构。工程管理和其他咨询类企业近年来也有发展，工程咨询服务机构虽然不是工程承发包的当事人，但其受业主委托或聘用，与业主签订协议书或合同，因而对项目的实施负有相当重要的责任。

(二)建筑市场的客体

建筑市场的客体一般称作建筑产品，是建筑市场的交易对象，既包括有形建筑产品，也包括无形产品——各类智力型服务。

建筑产品不同于一般工业产品，因为建筑产品本身及其生产过程具有不同于其他工业产品的特点。在不同的生产交易阶段，建筑产品表现为不同的形态。它可以是咨询公司提供的咨询报告、咨询意见或其他服务，也可以是勘察设计单位提供的设计方案、施工图纸、勘察报告，还可以是生产厂家提供的混凝土构件，当然也包括承包商生产的各类建筑物和构筑物。

1.建筑产品的特点

(1)建筑产品的固定性和生产过程的流动性

建筑物与土地相连，不可移动，这就要求施工人员和施工机械只能随建筑物不断流动，从而带来施工管理的多变性和复杂性。

(2)建筑产品的单件性

由于业主对建筑产品的用途、性能要求不同以及建设地点的差异性，决定了多数建筑产品都需要单独进行设计，不能批量生产。

(3)建筑产品的整体性和分部分项工程的相对独立性

这个特点决定了总包和分包相结合的特殊承包形式。随着经济的发展和建筑技术的进步，施工生产的专业性越来越强。在建设生产中，由各种专业施工企业分别承担工程的土建、安装、装饰、劳务分包，有利于施工生产技术和效率的提高。

(4)建筑生产的不可逆性

建筑产品一旦进入生产阶段,其产品不可能退换,也难以重新建造,否则双方都将承受极大的损失。所以,建筑生产的最终产品质量是由各阶段成果的质量决定的。设计、施工必须按照规范和标准进行,才能保证生产出合格的建筑产品。

(5)建筑产品的社会性

绝大部分建筑产品都具有相当广泛的社会性,涉及公众的利益和生命财产的安全,即使是私人住宅,也会影响进入或靠近它的人员的生活和安全。政府作为公众利益的代表,加强对建筑产品规划、设计、交易、建造的管理是非常必要的,有关工程建设的市场行为都应受到管理部门的监督和审查。

2. 建筑产品的商品属性

由于推行了一系列以市场为导向的改革措施,建筑企业成为独立的生产单位,建设投资拨款渠道由单一渠道改为多种渠道筹措,市场竞争代替行政分配,建筑产品价格也逐步走向市场,形成以市场为导向的价格机制。建筑产品商品属性的观念已为大家所认识,这成为建筑市场发展的基础,并推动了建筑市场的价格机制、竞争机制和供求机制的形成,使实力强、素质高、经营好的企业在市场上更具有竞争力,并能够更快地发展,实现资源的优化配置,从而提高全社会的生产水平。

3. 工程建设标准的法定性

建筑产品的质量不仅关系到承发包双方的利益,也关系到国家和社会的公共利益。正是由于建筑产品的这种特殊性,其质量标准是以国家标准、国家规范等形式颁布实施的,从事建筑产品生产必须遵守这些标准规范的规定。

工程建设标准涉及面很广,包括房屋建筑、交通运输、水利、电力、通信、采矿冶炼、石油化工、市政公用设施等方面。

工程建设标准是指对工程勘察、设计、施工、验收、质量检验等各个环节的技术要求。

在具体形式上,工程建设标准包括标准、规范、规程等。工程建设标准的独特作用包括两个方面:一方面,通过有关的标准规范为相应的专业技术人员提供了需要遵循的技术要求和方法;另一方面,由于标准的法律属性和权威属性,保证了从事工程建设的有关人员必须按照规定执行,从而为保证工程质量打下基础。

## 三、建筑市场的资质管理

建筑市场的从业企业资质管理包括两类:一类是从业企业的资质管理;另一类是专业人士的执业资格管理。

### (一)从业企业的资质管理

#### 1.工程勘察设计企业资质管理

我国建设工程勘察设计资质分为工程勘察资质和工程设计资质两类。工程勘察资质分为工程勘察综合资质、工程勘察专业资质和工程勘察劳务资质;工程设计资质分为工程设计综合资质、工程设计行业资质和工程设计专业资质。

建设工程勘察设计企业应当按照其拥有的注册资本、专业技术人员、技术装备和勘察设计业绩等条件申请资质审查,经审查合格,取得建设工程勘察设计资质证书后,方可在资质等级许可的范围内从事建设工程勘察设计活动。

国务院建设行政主管部门及各地建设行政主管部门负责工程勘察设计企业资质的审批、晋升和处罚。

#### 2.建筑业企业资质管理

建筑业企业是指从事土木工程、建筑工程、线路管道及设备安装和装修工程等的新建、扩建、改建活动的企业。我国的建筑业企业分为施工总承包企业、专业承包企业和劳务分包企业三类,这三类企业资质等级标准由建设部统一制定和发布。

#### 3.工程咨询单位资质管理

我国对工程咨询单位也实行资质管理。目前已有明确资质等级评定条件的有工程监理、工程招标代理、工程造价咨询机构等,工程咨询单位资质评定条件包括注册资金、专业技术人员和业绩三方面的内容,不同资质等级的标准均有具体规定。

(二)专业人士执业资格管理

在建筑市场中，专业人士是指具有一定专业学历、资历的从事建筑活动的专业技术人员。从事建筑活动的专业技术人员应当依法取得相应的执业资格证书，并在执业证书许可的范围内从事建筑活动。

我国建筑领域的专业技术人员执业资格证主要有六种类型，即注册建筑工程师、注册结构工程师、注册监理工程师、注册造价工程师、注册城市规划师和注册建造师等。资格和注册条件：大专以上的专业学历、参加全国统一考试成绩合格；具有相关专业的实践经验。

## 四、建设工程交易中心

建设工程交易中心根据国家法律法规成立，是一种有形的建筑市场，负责收集和发布建设工程信息，依法办理建设工程的有关手续，提供和获取政策法规及技术经济咨询服务。

(一)建设工程交易中心的性质

建设工程交易中心是服务性机构，其设立必须得到政府或政府授权主管部门的批准，它不以营利为目的，旨在为建立公开、公正、平等竞争的招投标制度服务。

(二)建设工程交易中心的作用

根据我国的有关规定，所有建设项目都要在建设工程交易中心内报建、发布招标信息、合同授予、申领施工许可证及委托质量安全监督等有关手续。建设工程交易中心提供政策法规及技术经济咨询服务。建设工程交易中心的设立，对国有投资的监督制约机制的建立、规范建设工程承发包行为、将建设市场纳入法治化的管理工作轨道有着重要作用。此外，它不仅促进了工程招投标制度的推行，而且对提高管理透明度起到了显著的作用。

(三)建设工程交易中心的基本功能

1. 信息服务功能

我国建设工程交易中心的信息服务主要包括收集、存储和发布各类工程信息、法律法规、造价信息、建材价格、承包商信息、咨询单位和专业人士信息等，在设施上配备有大型电子墙、计算机网络工作站，为承发包交易提供广泛的信息服务。

2.场所服务功能

对于政府部门、国有企业、事业单位的投资项目，我国法律明确规定，一般情况下都必须进行公开招标，只有特殊情况下才允许采用邀请招标。所有建设项目进行招标投标必须在有形建筑市场内进行，必须由有关管理部门进行监督。按照这个要求，工程建设交易中心必须为工程承发包交易双方进行建设工程的招标、评标、定标、合同谈判等提供设施和场所服务。

3.集中办公功能

由于众多建设项目要进入有形建筑市场进行报建、招标投标交易和办理有关批准手续，这就要求政府有关建设管理部门进驻工程交易中心，集中办理有关审批手续并进行管理。建设工程交易中心应具备信息发布大厅、洽谈室、开标室、会议室及相关设施，以满足业主和承包商、分包商、设备材料供应商之间的交易需要。同时，要为政府有关管理部门进驻集中办公、办理有关手续和依法监督招标投标活动提供场所服务。进驻建设工程交易中心的相关管理部门集中办公，公布各自的办事制度和程序，按照各自的职责依法对建设工程交易活动实施有力监督，并有利于提高办公效率。

(四)建设工程交易中心的运行原则

为了保证建设工程交易中心能够有良好的运行秩序和市场功能的充分发挥，必须坚持市场运行的一些基本原则，其主要包括以下内容。

1.信息公开原则

建设工程交易中心必须充分掌握政策法规，工程发包商、承包商和咨询单位的资质、造价指数、招标规则、评标标准、专家评委库等各项信息，并保证市场各方主体都能及时获得所需的信息资料。

2.依法管理原则

建设工程交易中心应严格按照法律、法规开展工作，尊重建设单位依照法律规定选择投标单位和选定中标单位的权利，尊重符合资质条件的建筑业企业提出的招标要求和接受邀请参加投标的权利，监察机关应当进驻建设工程交易中心实施监督。

3. 公平竞争原则

建设公平竞争的市场秩序是建设工程交易中心的一项重要原则。进驻的有关行政监督管理部门应严格监督招标、投标单位的行为，防止不正当竞争的发生。

4. 属地进入原则

按照我国有形建筑市场的管理规定，建设工程交易实行属地进入原则。每个城市原则上只能设立一个建设工程交易中心，特大城市可以根据需要，设立区域性分中心，在业务上受中心领导。对于跨省、自治区、直辖市的铁路、公路、水利等工程，可在政府有关部门的监督下，通过公告由项目法人组织招标、投标。

5. 办事公正原则

建设工程交易中心是政府建设行政主管部门批准建设的服务性机构，须配合进场的各行政管理部门做好相应的工程交易活动管理和服务工作。建立监督制约机制，公开办事规则和程序，制定完善的规章制度和工作人员守则，发现建设工程交易活动中的违法违规行为，应当向政府有关管理部门报告，并协助进行处理。

## 第二节　建设工程招标投标概述

### 一、建设工程招标投标的制度

招标投标既是一种有序的市场竞争交易方式，又是规范选择交易主体、订立交易合同的法律程序。经过长期发展，我国招标投标法律体系初步形成，招标投标市场不断扩大。

建设工程实行招标投标制度，使工程项目建设任务的委托纳入市场机制，通过竞争择优选定项目的工程承包单位、勘察设计单位、施工单位、监理单位、设备制造供应单位等达到保证工程质量、缩短建设周期、控制工程造价、提高投资效益的目的,由发包人与承包人之间通过招标投标签订承包合同的经营制度。

在我国境内进行下列工程建设项目必须进行招标:项目的勘察、设计、施工、监理以及与工程建设有关的重要设备、材料等的采购:大型基础设施、公用事业等关系社会公共利益、公众安全的项目;全部或者部分使用国有资金投资或者国家融资的项目;使用国际组织或者外国政府贷款、援助资金的项目。

在我国推行招标投标制度具有重要的意义,具体体现在以下几个方面。

第一,推行招标投标制度有利于规范建筑市场主体的行为,促进合格市场主体的形成。在建设工程市场中,市场的主体包括业主、承包商和各种类型的工程咨询服务机构。推行招标投标制度,为规范建筑市场主体的行为,促进其尽快成为合格的市场主体创造了条件。

第二,推行招标投标制度有利于价格真实反映市场供求情况,真正显示企业的实际消耗和工作效率,使实力强、素质高、经营好的承包商的产品更具有竞争力,从而实现资源的优化配置。

第三,推行招标投标制度有利于促使承包商不断提高企业的管理水平。激烈的市场竞争迫使承包商努力降低成本、提高质量、缩短工期,这就要求承包商提高自身素质,进一步提升市场竞争力。

第四,推行招标投标制度有利于促进市场经济体制的进一步完善。推行招标投标制度涉及计划、价格、物资供应、劳动工资等各个方面,客观上要求有与其相匹配的体制,对不适应招标投标的内容必须进行配套改革,从而有利于加快市场体制发展的步伐。

第五,推行招标投标制度有利于促进我国建筑业与国际接轨。国际建筑市场的竞争日趋激烈,建筑业正逐渐与国际接轨,建筑企业将面临市场的挑战与竞争。由于招标投标是国际通用做法,通过推行招标投标制度可使建筑企业逐渐掌握国际通用做法,寻找差距,不断提高自身素质与竞争能力,为进入国际市场奠定基础。

## 二、建设工程招标投标的分类及特点

### (一)建设工程招标投标的分类

1.按工程建设程序

可分为建设项目可行性研究招标投标、工程勘察设计招标投标、工程施工招标投标、材料设备采购招标投标。

2.按行业和专业

可分为工程勘察设计招标投标、土建工程施工招标投标、装饰工程施工招标投标、设备安装工程招标投标、工程监理招标投标、工程咨询招标投标、货物采购招标投标。

3.按建设项目的组成

可分为建设项目招标投标、单项工程招标投标、单位工程招标投标、分部分项工程招标投标。

4.按工程发包承包的范围

可分为工程总承包招标投标、工程分包招标投标、工程专项承包招标投标。

5.按工程是否有涉外因素

可分为国内工程招标投标、国际工程招标投标。

### (二)建设工程招标投标的特点

建设工程招标投标的目的是在工程建设中引入竞争机制,择优选定勘察、设计、设备安装、施工、装饰装修、材料设备供应、监理和工程总承包单位,以保证缩短工期、提高工程质量和节约建设资金。

工程招标投标的特点有三点:一是通过竞争机制,实行交易公开;二是鼓励竞争、防止垄断、优胜劣汰,实现投资效益;三是通过科学合理和规范化的监管机制与运作程序,可保证交易的公正和公平。

## 三、建设工程招标投标的基本原则

### (一)公开原则

该原则要求建设工程招标投标具有较高的透明度,具体有以下几层意思。

1.建设工程招标投标的信息应及时向社会发布

通过建立和完善建设工程项目报建登记制度，及时向社会发布建设工程招标投标信息，让有资格的投标者都能享受到同等的信息。

2.建设工程招标投标的条件公开

什么情况下可以组织招标，什么机构有资格组织招标，什么样的单位有资格参加投标等情况，必须向社会公开，便于社会监督。

3.建设工程招标投标的程序应予以公开

在建设工程招标投标的全过程中，招标程序、投标程序以及招标投标管理机构的主要监管程序必须公开。

4.建设工程招标投标的结果公开

哪些单位参加了投标，最后哪个单位中了标均应当予以公开。

(二)公平原则

公平原则就是指在建设工程招标投标活动中，所有当事人和中介机构均享有平等的机会，具有同等的权利，并履行相应的义务。具体体现在以下几个方面。

第一，凡符合法定条件的工程建设项目均可进入市场，通过招标投标进行交易，无论是发包方还是承包方，进入市场的条件都应是一样的。

第二，在建设工程招标投标活动中，所有合格的投标人进入市场的条件和竞争机会都是一样的。

第三，建设工程招标投标涉及的各方主体都负有与其享有的权利相适应的义务。

第四，当事人和中介机构对建设工程招标投标中自己有过错的损害根据过错的大小承担责任，对各方均无过错的损害则根据实际情况分担责任。

(三)公正原则

公正原则就是指在建设工程招标投标活动中，按照同一标准实事求是地对待所有当事人和中介机构，不偏袒任何一方。如招标人按照统一的招标文件示范文本公正的表述招标条件和要求；按照事先经建设工程招标投标管理机构审查认定的评标定标办法进行评定；对投标文件进行公正的评价；择优确定中标人等。

(四)诚实信用原则

诚实信用原则也称诚信原则，是指在建设工程招标投标活动中，当事人和有关中介机构应当以诚相待、讲求信义、实事求是，做到言行一致、遵守诺言、履行成约。

诚信原则要求当事人和中介机构在进行招标投标活动时，必须具备善意守信的内心状态，要在自己获得利益的同时充分尊重社会公德和国家的、社会的、他人的利益，自觉维护市场经济的正常秩序。

## 四、建设工程招标投标的管理

(一)建设工程招标投标的行政监督管理

建设工程招标投标的行政监督管理的内容包括核准招标内容；接受自行招标备案；认定招标代理机构资格并依法实施管理；对招标投标从业人员进行管理；指定发布依法必须进行招标项目发布招标公告的媒介；组建和管理评标专家库；对评标专家的确定方式、抽取和评标活动进行监督；接受依法必须进行招标项目的招标投标情况报告；受理投诉；处罚违法行为；指导和监督招标采购职业资格制度建设、电子招标投标平台建设、招标投标信用体系建设等。

建设工程招标投标的行政监督管理的方式包括行政审批、核准、备案、受理投诉、举报、行政复议、行政稽查、督查、调查统计、行政处罚、行政处分或移送司法审查等。

(二)建设工程招标投标的交易场所

设区的市级以上地方人民政府可以根据实际需要，建立统一规范的招标投标交易场所，为招标投标活动提供服务。招标投标交易场所不得与行政监督部门存在隶属关系，不得以营利为目的。从这一规定可以看出，为了便于招标投标工作的有序开展，市级以上人民政府可以建立为招标投标工作提供服务的专门场所。

建设工程交易中心一般须经政府相关部门批准成立，并具有独立的法人资格，其工作人员须熟悉相关法律法规、工程建设和招标投标管理等方面的知识，才能够承担工程发承包交易服务等相关工作。建设工程交易中心须有固定的办公场所，有满足驻场管理部门和招标投标活动需要的相关设施，须建立满足工程项目交易需要的计算机系统，才能实现工程项目交易信息联网，并通过互联网发布项目信息。

建设工程交易中心的主要功能包括场所服务功能、信息服务及电子交易服务功能和咨询服务功能。

1.场所服务功能

建设工程交易中心为建设工程交易提供设施齐全、服务规范的建设工程交易场所。交易中心为有关职能部门提供统一的办公场地，中心内通常驻有政府有关部门的管理单位，主要有监察局、建设局纪检组、建管处、市政公用处、招标办、造价处、质监站、交通及水利等部门，以方便交易各方集中办理施工报建、招标投标、质量监督、安全监督、施工许可及合同签证等手续。实行从工程受理、项目信息发布、开标、评标，到合同签订、安全许可、质量监督、施工许可证发放等“一站式”管理。

2.信息服务及电子交易服务功能

建设工程交易中心建立有交易中心门户网站、电子显示屏等工程建设信息发布平台，为建设工程交易各方提供现场发布和查询与招标投标相关的各类信息服务，包括发布招标公告、招标控制价、中标候选人、企业信息、信用信息等招标投标信息。根据“公共服务平台、项目交易平台、行政监管平台”的电子招标投标系统建设要求，依法提供电子招标投标系统和技术服务。

3.咨询服务功能

建设工程交易中心提供工程建设管理方面法律、法规、政策、基本建设程序等咨询服务；提供有关企业资质、专业人员和工程建设相关信息的查询服务；提供各类建设工程交易业务咨询服务。

建设工程交易中心实行分类管理，即根据各中心工作人员的数量、职称状况、交易中心的规模、计算机及相应设备条件等将其分为不同类别。交易中心为建设工程交易提供各类服务时需收取交易综合服务费，该项服务费一般以招标项目的中标价为计费基础，通常包括由招标人与中标人共同承担，由招标人承担，由中标人承担三种情况。

（三）建设工程招标投标办公室的主要工作职能

建设工程招标投标办公室隶属于住房和城乡建设委员会或住房和城乡建设局，是建设工程招标投标活动的监督管理部门。

招标投标办公室的主要工作职能包括：负责宣传贯彻有关建设工程招标投标的法律、法规、规章制度和方针政策，研究拟定本行政区域的实施细则和相关管理办法；指导、监督、检查和协调建设工程招标、投标、开标、评标、定标等招标投标活动；按规定对非招标项目的发承包交易进行监督管理；受理建设工程招标投标投诉，调解建设工程招标投标纠纷，依法纠正和查处在招标投标活动中的违法违规行为，对招标投标质量、行为进行记录。

## 五、招标公告及投标邀请书

（一）招标公告、投标邀请书及资格预审公告

1. 招标公告

招标人采用公开招标方式的，应当发布招标公告。招标公告是指招标人以公开方式邀请不特定的潜在投标人就某一项目进行投标的明确的意思表示。招标公告一经发出即构成招标活动的要约邀请，招标人不得随意更改，所以招标公告内容应当真实、准确和完整。

2. 投标邀请书

招标人采用邀请招标方式的，应当向三个以上具备承担招标项目能力的、资信良好的特定法人或者其他组织发出投标邀请书。投标邀请书的内容和招标公告的内容基本一致，只需增加要求潜在投标人在收到投标邀请书之后确认是否参加投标的内容。

3. 资格预审公告

资格预审公告是指招标人通过媒介发布的公告，它表示招标项目采用资格预审的方式公开选择条件合格的潜在投标人。感兴趣的潜在投标人通过资格预审公告了解招标项目的情况及所要求的资格条件之后，可

在网上自行下载或购买资格预审文件或招标文件,参加资格预审申请和投标竞争。

(二)招标公告及投标邀请书的主要内容

招标公告及投标邀请书应当载明招标人及其代理机构的名称、地址、联系人和联系方式,招标项目的名称、内容、范围、规模、资金来源、投标资格能力要求,获取资格预审文件或招标文件的时间,递交资格预审申请文件或投标文件的截止时间、方式等。采用电子招标的,应注明访问电子招投标交易平台的网址和方法。

1.招标条件

招标公告及投标邀请书应指明招标人、建设单位及招标代理机构的名称,招标项目的审批立项情况,资金来源情况等。

(1)招标人的名称应如实载明。招标人可以是项目业主,也可以是业主授权组织实施项目并独立承担民事责任的项目建设管理单位。项目业主应是项目审批、核准或备案文件中载明的项目投资人,如招标人委托招标代理机构招标,则应载明招标代理机构的名称。

(2)招标项目的资金来源、出资比例、资金落实情况等应如实载明,这是投标人借以了解招标项目合法性及其资信等情况的重要信息。招标人资金落实到位,既是招标必备的条件,也是调动投标人积极性的一个重要因素,同时也有利于投标人对合同履行风险进行判断。工程建设项目投资规模较大,资金往往通过多种渠道筹措获得,除项目投资人自有资金、政府各类财政性资金(包括财政预算资金和财政专项建设基金)外,还可利用国内银行的信贷资金、国内非银行金融机构的信贷资金、国际金融机构和外国政府提供的信贷资金或赠款以及通过企业、社会团体等多种渠道融资获得的资金。

2.项目概况与招标范围

项目概况主要包括招标项目的建设地点、建设规模、招标范围、计划工期、标段划分等基本情况,招标人应对上述各项内容进行概括性的描述,使潜在投标人能够初步判断自己是否有能力承担招标项目。

招标范围应采用工程专业术语填写，明确工程承包的内容和范围，并与工程量清单的内容一致。工程招标范围要依据法律、法规的规定，确定必须进行招标的工程施工内容和范围。工程招标范围包括工程施工现场准备、土建工程和设备安装工程等。工程施工现场准备指工程建设必须具备的现场施工条件，包括道路、通水、通电、通信、通气、通热及施工场地平整等；土建工程包括土石方工程、基础工程、混凝土工程、金属结构工程、装饰工程、构筑物工程等；设备安装工程包括给排水系统、电气系统、通风系统、消防系统、智能系统等安装工程。

计划工期由招标人根据项目建设计划分析确定。计划工期对投标人的进度计划、资源计划、成本计划等都有重要的影响。同时，计划开工日期和计划竣工日期的明确便于投标人对施工期间的气候变化、社会形势变化等做出尽可能充分的判断和预测，从而有利于投标人采取有效措施应对自己可能面临的风险。因此招标人确定的计划开工日期、竣工日期应尽量科学、客观、合理可行。

3. 申请人资格要求

招标公告及投标邀请书应指明申请人应具备的工程施工资质等级、类似工程业绩、安全生产许可证及提出对申请人的财务、项目经理、设备、信誉等方面的要求。招标人是否接受联合体申请或投标、申请人申请的标段数量或指定的具体标段等也应加以明确。

4. 资格预审文件或招标文件的获取

招标公告及投标邀请书应指明资格预审文件或招标文件获取的时间、方式、地点和费用，若采用资格预审的，还需包括资格预审文件获取的时间、方式、地点和费用。

招标人可根据招标项目的规模情况约定资格预审文件或招标文件的获取时间。招标人应当按照资格预审公告、招标公告或者投标邀请书规定的时间、地点发售资格预审文件或者招标文件，资格预审文件或者招标文件的发售期不得少于5日。

采用传统招投标方式的，应指定资格预审文件或招标文件获取的地点。资格预审文件或招标文件通常在招标人或招标代理机构办公地点获取。对于异地投标人,可以通过邮购方式获取文件,此时招标人应在公告内明确告知投标人在收到其邮购款后的约定日期内寄送资格预审文件或招标文件。采用电子招投标的,资格预审文件或招标文件可以直接从网上下载,招标人应明确告知相应的网址。通过互联网发售的资格预审文件或招标文件与相应的书面文件具有同等法律效力,出现不一致时通常以书面文件为准。

资格预审文件或招标文件的售价应合理,收取的费用应限于补偿印刷、邮寄的成本支出。除招标人终止招标的情况外,资格预审文件或招标文件售出后不予退还。为了保证投标人在未中标后及时退还纸质图纸,必要时招标人可要求投标人提交图纸押金,在投标人退还图纸时退还该押金。

5.资格预审申请文件或投标文件的递交

招标公告及投标邀请书应载明资格预审申请文件或投标文件递交的截止时间、地点、方式等。资格预审申请文件或投标文件递交的截止时间应根据招标项目具体特点和需要合理确定。对于依法必须进行招标的项目,资格预审申请文件编制时间不少于5天,投标文件编制时间不少于20天(自招标文件开始发售之日起计算)。采用工程总承包招标时,投标文件编制时间不少于30天。采用传统的纸质招投标时,资格预审申请文件或投标文件送达地点要明确,政府投资项目的投标文件的送达地点通常为当地的建设工程交易中心或公共资源交易中心。对于逾期送达的、未送达指定地点的或者不按照要求密封的投标文件,招标人均不予受理。

6.招标公告的发布媒介及确认

招标人发布招标公告的媒介名称应在公告内说明,如果招标人同时在多个媒介发布公告,应列明所有媒介的名称,并保证各媒介公告的内容一致。投标邀请书则应要求潜在投标人确认是否收到投标邀请书,并在规定时间以前采用邀请书中明确的方式——传真或快递方式,向招标人确认是否参加投标。

7. 招标人或招标代理机构的联系方式

为了便于投标人与招标人之间进行联系，在招标公告中应明确招标人的地址、联系人、联系电话、邮箱等信息。若委托招标代理机构办理招投标相关事宜，还应明确写明招标代理机构的名称、地址、联系人、联系电话、邮箱等信息。

8. 招标公告的发布时间

通常情况下，招标文件的发售时间与招标公告的发布时间相同，因为招标文件发售期不应少于 5 日，因此招标公告发布时间至少应为 5 日。此处所说的 5 日为去掉周六、周日后的工作日时间。在实际确定招标公告的发布时间时，应根据招标项目的具体特点、拟邀请的投标人数量的多少或招标项目的竞争者数量的多少等因素确定。如果想吸引较多的潜在投标人报名，则应适当延长招标公告的发布时间。

(三)招标公告发布及投标邀请书的送达

国家发展和改革委员会根据招标投标法规规定，对依法必须招标项目的招标公告和公示信息的发布活动进行监督管理，各省级发展改革部门对本行政区域内招标公告和公示信息的发布活动依法进行监督管理。

依法必须招标项目的招标公告和公示信息应当在“中国招标投标公共服务平台”或者项目所在地省级电子招标投标公共服务平台发布。目前各地使用的与“中国招标投标公共服务平台”对接的招标投标平台共有一百多个，主要包括各地的公共服务平台、央企的招标投标交易平台及第三方的招标投标交易平台等。

拟发布的招标公告文本应当由招标人或其招标代理机构盖章，并由主要负责人或其授权的项目负责人签名；采用数据电文形式的，应当按规定进行电子签名。招标人或其招标代理机构应当对其提供的招标公告和公示信息的真实性、准确性、合法性负责，当同时在两个以上媒介发布招标公告时，公告内容应保持一致。

发布媒介应当免费提供依法必须招标项目的招标公告和公示信息发布服务，并对所发布的招标公告和公示信息的及时性、完整性负责，允许社会公众和市场主体免费、及时查阅。

采用邀请招标方式时，招标人应以传真、邮寄等方式将起草的投标邀请书发送给拟邀请的潜在投标人，潜在投标人在收到投标邀请书后应根据招标人要求的时间及方式向招标人确认是否参加投标。

# 第三节　合同的法律基础

## 一、合同法律关系的概念、构成及发展

### (一)合同法律关系的概念

法律关系是指法律在调整人们行为的过程中形成的特殊的权利和义务关系，或者说，法律关系是指被法律规范所调整的权利与义务的关系。法律关系是以法律为前提而产生的社会关系。法律关系实质是法律关系主体之间存在的特定权利与义务的关系。

### (二)合同法律关系的构成

合同法律关系包括合同法律关系主体、合同法律关系客体、合同法律关系内容三个要素。缺少其中任何一个要素都不能构成合同法律关系，改变其中的任何一个要素就改变了原来设定的法律关系。

#### 1.合同法律关系的主体

合同法律关系的主体是指参加合同法律关系，依法享有相应权利，承担相应义务的当事人。合同法律关系的主体包括自然人、法人和其他组织。

(1)自然人

自然人是指基于出生而成为民事法律关系主体的有生命的人。自然人作为合同法律关系的主体应当具有相应的民事权利能力和民事行为能力，“公民”和“自然人”在法律地位上是一样的。

(2)法人

法人是相对于自然人的另一种民事主体，即具有民事权利能力和民

事行为能力，依法独立享有民事权利、承担民事义务的组织。在社会生活中，除自然人外，还有各种组织以团体的名义进行各种活动，尤其是在社会经济生活中，各种工厂、公司、商店等所从事的商品生产、经营及服务，构成社会经济运行最为重要的部分。民法上的法人制度是对参加民事活动的社会组织的法律地位的确认，为社会组织独立承担责任提供了基础。

(3)其他组织

其他组织是指依法成立，但不具备法人资格，而能以自己的名义参与民事活动的经济实体或法人的分支机构等社会组织。法人以外的其他组织可以成为法律关系主体，这些组织主要包括法人的分支机构，不具备法人资格的联营体、合伙企业以及个人独资企业等。以上组织应当是合法成立，有一定的组织机构和财产，却又不具备法人资格的组织。与法人相比，其特性在于民事责任的承担较为复杂。

2. 合同法律关系的客体

合同法律关系的客体是指参加合同法律关系的主体享有的权利和承担的义务所共同指向的对象。合同法律关系的客体主要包括物、行为和智力成果。

(1)物

物是指可为人们控制并具有经济价值的生产资料和消费资料。其可以分为动产和不动产、流通物与限制流通物、特定物与种类物等，如建筑材料、建筑设备、建筑物等。

(2)行为

行为是指人的有意识的活动。在合同法律关系中，多表现为完成一定的工作，如勘察设计、施工安装等。

(3)智力成果

智力成果是指通过人的智力活动所创造出的精神成果，包括知识产权、技术秘密及在特定情况下的公共知识和技术，如专利权、计算机软件等。

3.合同法律关系的内容

合同法律关系的内容是指合同约定的和法律规定的权利和义务，也是合同的具体要求。它决定了合同法律关系的性质，也是连接合同主体的纽带。

(1)权利

权利是指合同法律关系主体在法定范围内，按照合同的约定，有权按照自己的意志做出某种行为。权利主体也可要求义务主体做出一定的行为或不做出一定的行为，以实现自己的有关权利。当权利受到侵害时，其有权得到法律保护。

(2)义务

义务是指合同法律关系主体必须按法律规定或约定承担应负的责任。义务和权利是相互对应的，相应主体应自觉履行相对应的义务，否则，义务人应承担相应的法律责任。

(三)合同法律关系的发展

1.合同法律关系的产生

合同法律关系的产生是指由于一定的客观情况出现和存在，合同法律关系主体之间形成一定的权利和义务关系。如业主与承包商协商签订了建设工程合同，就产生了合同法律关系。

2.合同法律关系的变更

合同法律关系的变更是指已经形成的合同法律关系，由于一定的客观情况的出现而引起合同法律关系的主体、客体、内容的变化。

3.合同法律关系的消灭

合同法律关系的消灭是指合同法律主体之间的权利和义务关系不复存在。法律关系的消灭可以是因为主体履行了义务、实现了权利而消灭；可以是因为双方协商一致而消灭；也可以是因发生不可抗力而消灭；还可以是主体的消亡、停业、转产、严重违约等原因而消灭。

## 二、合同的分类

合同作为商品交换的法律形式，其类型因交易方式的多样化而各不相同。尤其是随着交易关系的发展和内容的复杂化，合同的形态也在不断变化和发展，对各种纷繁复杂的交易形态和合同形态，可以从法律上依照各种标准作出不同的分类。

(一)基本分类

1. 买卖合同

买卖合同是指出卖人转移标的物的所有权于买受人，买受人支付价款的合同。

2. 供用电、水、气、热力合同

供用电合同是指供电人向用电人供电，用电人支付电费的合同。供用水、供用气、供用热力合同，参照供用电合同的有关规定。

3. 赠与合同

赠与合同是指赠与人将自己的财产无偿给予受赠人，受赠人表示接受赠与的合同。

4. 借款合同

借款合同是指借款人向贷款人借款，到期返还借款并支付利息的合同。

5. 租赁合同

租赁合同是指出租人将租赁物交付承租人使用、收益，承租人支付租金的合同。

6. 融资租赁合同

融资租赁合同是指出租人根据承租人对出卖人、租赁物的选择，向出卖人购买租赁物，提供给承租人使用，承租人支付租金的合同。

7. 承揽合同

承揽合同是指承揽人按照定做人的要求完成工作，交付工作成果，定做人给付报酬的合同。承揽包括加工、定做、修理、复制、测试、检验等工作。

8. 运输合同

运输合同是指承运人将旅客或者货物从起运地点运输到约定地点，

旅客、托运人或者收货人支付票款或者运输费用的合同。

9. 技术合同

技术合同是指当事人就技术开发、转让、咨询或者服务订立的确立相互之间权利和义务的合同。

10. 保管合同

保管合同是指保管人保管寄存人交付的保管物，并返还该物的合同。寄存人应当按照约定向保管人支付保管费。

11. 仓储合同

仓储合同是指保管人储存存货人交付的仓储物，存货人支付仓储费的合同。

12. 委托合同

委托合同是指委托人和受托人约定，由受托人处理委托人事务的合同。委托人可以特别委托受托人处理一项或者数项事务，也可以概括委托受托人处理一切事务。

13. 行纪合同

行纪合同是指行纪人以自己的名义为委托人从事贸易活动，委托人支付报酬的合同。

14. 居间合同

居间合同是指居间人向委托人报告订立合同的机会或者提供订立合同的媒介服务，委托人支付报酬的合同。

(二)合同的其他分类

在民法理论中，合同一般可分为以下几种类型。

1. 双务合同与单务合同

双务合同是指双方当事人都享有权利和承担义务的合同。现实生活中的合同大多数为双务合同，如买卖、承揽、租赁等。单务合同指仅由当事人一方负担义务，而他方只享有权利的合同，如赠与、无息借贷、无偿保管等合同就是典型的单务合同。

2. 诺成合同与实践合同

诺成合同与实践合同是从合同成立条件的角度对其所做的分类。诺成合同是指以缔约当事人意思表示一致为充分成立条件的合同，即一旦缔约当事人的意思表示达成一致即告成立的合同。实践合同是指除当事人意思表示一致外，还需交付标的物才能成立的合同。在实践合同中，仅有当事人的合意，合同尚不能成立，还必须有一方实际交付标的物的行为或其他给付，才能成立合同关系。实践中，大多数合同均为诺成合同，实践合同仅限于法律规定的少数合同，如保管合同、自然人之间的借款合同。

3.要式合同与不要式合同

根据合同的成立是否需要特定的形式，可将合同分为要式合同与不要式合同。要式合同是指法律要求必须具备一定的形式和手续的合同；不要式合同是指法律不要求必须具备一定形式和手续的合同，合同多为不要式合同。

4.有偿合同与无偿合同

有偿合同又称为有偿契约，是无偿合同的对称。有偿合同是指当事人一方在享有合同规定的权益，必须向对方当事人偿付相应代价的合同，如买卖、租赁、保险等合同就是典型的有偿合同，其特点在于当事人双方均有给付义务。当事人双方所谓的给付具有财产内容，合同多为有偿合同。无偿合同是指当事人一方只享有合同权利而不偿付任何代价的合同，又称恩惠合同。

5.主合同与从合同

根据合同相互间的主从关系，可以将合同分为主合同与从合同。所谓主合同，是指不需要其他合同的存在即可独立存在的合同。由于从合同要依赖主合同的存在而存在，所以从合同又被称为“附属合同”。从合同的主要特点在于其附属性，即它不能独立存在，必须以主合同的存在并生效为前提。

6.有名合同和无名合同

有名合同是指法律上或者经济生活习惯上按其类型已确定了一定名称的合同，又称典型合同。合同和民法学中研究的合同都是有名合同。无名合同是指有名合同以外的、尚未统一确定一定名称的合同。无名合同如经法律确认或在形成统一的交易习惯后，可以转化为有名合同。

## 三、合同订立的形式及过程

### (一)合同订立的形式

合同的形式是指合同当事人意思表示一致的外在表现形式，当事人订立合同可分为口头形式、书面形式和其他形式。

1. 口头形式

口头合同也称口头协议，是指双方当事人以口头语言形式对合同内容达成一致的协议，无任何书面的或其他有形载体来表现合同内容。口头合同也是合同形式中一种重要的表现形式，被人们普遍、广泛的应用。

2. 书面形式

书面形式是指合同书、信件和数据电文(包括电报、电传、传真、电子数据交换和电子邮件)等可以有形地表现所载内容的形式，书面合同是以文字等有形的表现方式所订立的合同。

3. 其他形式

其他形式是指不同于书面形式和口头形式的公证、审批、登记等形式。订立合同采用何种形式，通常由当事人自由选择。但法律、行政法规规定采用书面形式的，或者当事人约定采用书面形式的，应当采用书面形式。

### (二)合同订立的过程

合同的订立必须基于当事人的合意，即意思表示一致。合同订立的过程就是当事人双方使其意思表示趋于一致的过程，这一过程在合同法上称为要约和承诺。

1. 要约

要约是指一方当事人向他人做出的以一定条件订立合同的意思表示。前者称为要约人；后者称为受要约人。要约是希望和他人订立合同的意思表示，是订立合同所必须经过的过程。

(1)要约邀请是希望他人向自己发出要约的意思表示

要约邀请是当事人在订立合同的过程中的一种预备行为，但不是订立合同的一种必经程序，要约邀请仅仅在于促成对方发出要约。要约邀请在相对人发出要约以后，再经过自己的承诺，才能使合同有效成立。如寄送的价目表、拍卖公告、招标公告、招股说明书、商业广告等为要约邀请，商业广告的内容符合要约规定的，视为要约。

(2)要约的撤回和撤销

要约可以撤回，撤回要约的通知应当在要约到达受要约人之前或者与要约同时到达受要约人。要约也可以撤销，撤销要约的通知应当在受要约人发出承诺通知之前到达受要约人。但有下列情形之一的，要约不得撤销：一是要约人确定了承诺期限或者以其他形式明示要约不可撤销；二是受要约人有理由认为要约是不可撤销的，并已经为履行合同做了准备工作。

2.承诺

承诺是受要约人同意要约的意思表示。承诺与要约一样是一种法律行为，除根据交易习惯或者要约表明可以通过行为作出承诺的之外，承诺应当以通知的方式作出。

(1)承诺的期限

承诺应当在要约确定的期限内到达要约人。要约没有确定承诺期限的，承诺应当依照下列规定到达：一是要约以对话方式做出的，应当即时做出承诺，但当事人另有约定的除外；二是要约以非对话方式做出的，承诺应当在合理期限内到达。

(2)承诺的生效

承诺通知到达要约人时生效。承诺不需要通知的，根据交易习惯或者要约的要求作出承诺的行为时生效。

(3)承诺的撤回

承诺的撤回是指承诺人阻止已发生的承诺发生法律效力的意思表示。承诺发生后，承诺人会因为考虑不周、承诺不当而企图修改承诺或放弃订约，法律上有必要设定相应的补救机制，给予其重新考虑的机会。允许撤回承诺与允许撤回要约相对应，体现了当事人在订约过程中权利与义务是均衡、对等的。为保证交易的稳定，承诺的撤回也是附条件的。承诺可以撤回，撤回承诺的通知应当在承诺通知到达要约人之前或者与承诺通知同时到达要约人。但是在以行为承诺的情形下，要约要求的或习惯做法所认同的履约行为一经作出，合同就已成立，不得通过停止履行或恢复原状等方法来撤回承诺。

3.合同的内容

合同的内容由当事人约定，这是合同自由的重要体现。合同一般应当包括当事人约定的条款，但具备这些条款不是合同成立的必备条件。合同的内容一般包括当事人的名称或者姓名以及住所、标的、数量、质量、价款或者报酬、履行的期限、地点和方式、违约责任、解决争议的方法等条款。

## 四、合同效力

合同生效是指合同对双方当事人的法律约束力的开始。合同成立是合同生效的前提条件，但成立的合同必须具备相应的法律条件才能生效。

(一)效力待定合同

效力待定合同也称效力未定合同，是指法律效力尚未确定，有待于有权力的第三方为一定意思表示来最终确定效力的合同。效力未定的合同主要有以下三类。

1.限制民事行为能力人订立的合同

限制民事行为能力人订立的合同必须经法定代理人追认后，该合同有效，但纯获利的合同或者与其年龄、智力、精神健康状况相适应而订立的合同，不必经法定代理人追认。

2.无代理权人以被代理人名义订立的合同

行为人没有代理权、超越代理权或者代理权终止后以被代理人名义订立的合同，未经被代理人追认，对被代理人不发生效力，由行为人承担责任。

3.无处分权人订立的合同

无处分权的人处分他人财产，经权利人追认或者无处分权的人订立合同后取得处分权的，该合同有效。

(二)无效合同

无效合同是指虽经合同当事人协商订立,但因其不具备或违反了法定条件,法律规定不承认其效力的合同。

(三)可变更或可撤销的合同

可变更或可撤销的合同是指欠缺生效条件,但一方当事人可依照自己的意思使合同的内容变更或者使合同的效力归于消灭的合同。

## 五、合同履行

合同履行是指当事人双方按照合同规定的标底、数量和质量、价款或酬金、履行期限、履行地点和履行方式等,全面地完成各自承担的义务。合同的内容是债权人的权利和债务人的义务。债权人实现了自己的权利和债务人履行了自己的义务,合同的内容就得到了实现,合同也就得到了履行。

(一)合同履行的规则

合同履行的规则主要是指当事人就某些事项没有约定时的处理方法。合同生效后,当事人就质量、价款或者报酬、履行地点等内容没有约定或者约定不明确的,可以协议补充;不能达成协议补充的,按照合同有关条款或者交易习惯确定。当事人就有关合同内容约定不明确,依照合同有关条款或者交易习惯的规定仍不能确定的,适用的规定有:质量要求不明确的,按照国家标准、行业标准履行;没有国家标准、行业标准的,按照通常标准或者符合合同目的的特定标准履行。价款或者报酬不明确的,按照订立合同时履行的市场价格履行;依法应当执行政府定价或者政府指导价的,按照规定履行。履行地点不明确,给付货币的,在接受货币一方所在地履行;交付不动产的,在不动产所在地履行;其他标的,在履行义务一方所在地履行。履行期限不明确的,债务人可以随时履行,债权人也可以随时要求履行,但应当给对方必要的准备时间。履行方式不明确的,按照有利于实现合同目的的方式履行。履行费用的负担不明确的,由履行义务一方负担。

(二)合同履行中的抗辩权

抗辩权是指当事人一方有依法对抗对方要求或否认对方权利主张的权利。

1.同时履行抗辩权

当事人互负债务,没有先后履行顺序的,应当同时履行。一方在对方履行之前有权拒绝其履行要求,一方在对方履行债务不符合约定时,有权拒绝其相应的履行要求。

2.异时履行抗辩权

当事人互负债务,有先后履行顺序,先履行一方未履行的,后履行一方有权拒绝其履行要求。先履行一方履行债务不符合约定的,后履行一方有权拒绝其相应的履行要求。

(三)合同履行中的债权人的代位权和撤销权

合同履行过程中,为防止合同债务人消极对待债权导致没有履行能力而给债权人带来危害,允许债权人对债务人或第三人的行为行使代位权或撤销权,以保护其债权。

1.债权人代位权

债权人代位权是指债权人为了保障其债权不受损害,而以自己的名义代替债务人行使债权的权利。因债务人怠于行使其到期债权,对债权人造成损害的,债权人可以向人民法院请求以自己的名义代位行使债务人的债权,但该债权专属于债务人自身的除外。代位权的行使范围以债权人的债权为限,债权人行使代位权的必要费用由债务人负担。

2.债权人撤销权

债权人撤销权是指债权人对债务人所做的危害其债权的民事行为,有请求法院予以撤销的权利。因债务人放弃其到期债权或者无偿转让财产,对债权人造成损害的,债权人可以请求人民法院撤销债务人的行为。债务人以明显不合理的低价转让财产,对债权人造成损害,并且受让人知道该情形的,债权人也可以请求人民法院撤销债务人的行为,撤销权的行使范围以债权人的债权为限,债权人行使撤销权的必要费用,由债务人负担。撤销权自债权人知道或者应当知道撤销事由之日起一年内行使,自债务人的行为发生之日起五年内没有行使撤销权的，该撤销权消灭。

## 六、合同变更和转让

(一)合同变更

合同变更是指在合同依法成立后，尚未履行或尚未完全履行前，合同当事人就合同的内容达成修改和补充的协议，或者依据法律规定请求人民法院或仲裁机构变更合同内容。

(二)合同转让

合同转让是指合同当事人一方将其合同的权利和义务全部或部分转让给第三人的行为。合同转让仅指合同主体的变更，不改变合同约定的权利义务。

1.合同权利转让

债权人可以将合同的权利全部或部分转让给第三人。合同权利全部转让的，原合同关系消灭，受让人取代原债权人的地位，成为新的债权人，原债权人脱离合同关系。合同权利部分转让的，受让人作为第三人加入合同关系中，与原债权人共同享有债权。债权人转让主权利时，附属于主权利的从权利也一并转让，受让人在取得债权时，也取得与债权有关的从权利，但该从权利从属于债权人自身的除外。下列三种情形，债权人不得转让合同权利：根据合同性质不得转让；根据当事人约定不得转让；依照法律规定不得转让。

2.合同义务转移

债务人将合同的义务全部或者部分转移给第三人，应当经债权人同意；否则债务人转移合同义务的行为对债权人不发生效力，债权人有权拒绝第三人向其履行，同时，有权要求债务人履行义务并承担不履行或迟延履行合同的法律责任。

3.合同权利义务的一并转让

合同关系的一方当事人将权利和义务一并转让时，除应当征得另一方当事人的同意外，还应当遵守有关转让权利和义务转移的其他规定。

## 七、合同终止和解除

(一)合同终止

合同终止是指合同效力归于消灭,合同中权利和义务对双方当事人不再具有法律约束力。合同的终止即为合同的死亡,是合同旅程的终结。合同终止后,权利和义务主体不复存在。合同的权利和义务可由下列原因而终止:债务已经按照约定履行;合同解除;债务相互抵销;债务人依法将标的物提存;债权人免除债务;债权债务同归于一人;法律规定或者当事人约定终止的其他情形。

(二)合同解除

合同解除是指对已经发生法律效力但尚未履行或者尚未完全履行的合同,因当事人一方的意思表示或者双方的协议而使债权债务关系提前归于消灭的行为。合同解除可分为约定解除和法定解除两类。

1. 约定解除

约定解除是指当事人通过行使约定的解除权或者双方协商决定而进行的合同解除。当事人协商一致可以解除合同,即合同的协商解除。当事人也可以约定一方解除合同的条件,解除合同条件成就时,解除权人可以解除合同,即合同约定解除权的解除。

2. 法定解除

解除条件直接由法律规定的合同解除。有下列情形之一的,当事人可以解除合同。

(1)因不可抗力致使不能实现合同目的。

(2)在履行期限届满之前,当事人一方明确表示或者以自己的行为表明不履行主要债务。

(3)当事人一方迟延履行主要债务,经催告后在合理期限内仍未履行。

(4)当事人一方迟延履行债务或者有其他违约行为致使不能实现合

同目的。

(5)法律规定的其他情形。

## 八、违约责任

违约责任是指合同当事人任何一方不履行合同义务或履行合同义务不符合约定所应承担的法律责任。当事人一方不履行合同义务或者履行合同义务不符合约定的,应当承担继续履行、采取补救措施或者赔偿损失等违约责任。

(一)继续履行

继续履行是指在合同债务人不履行合同义务或者履行合同义务不符合约定条件时,债权人要求违约方继续按照合同的约定履行义务。继续履行作为违约责任形式中的一种,是实际履行原则的延伸和补充,其内容是强制违约方交付按照合同约定本应交付的标的。我国采用继续履行为主、赔偿为辅的救济原则。由于债务性质不同,因此,继续履行在适用时也有所不同。

(二)采取补救措施

采取补救措施是指当事人违反合同的事实发生后,为防止损失发生或者扩大,而由违反合同行为人依法律规定或者约定采取的修理、更换、重新制作、退货、减少价款或者报酬、补充数量、特资处置等措施,以给权利人弥补或者挽回损失的责任形式。补救措施应是合同继续履行、质量救济、赔偿损失等之外的法定经济措施,补救措施在不同的违约中有不同的表现形式。

(三)赔偿损失

赔偿损失是指违约方以支付金钱的方式弥补受害方因违约行为而遭受损失的责任形式。承担赔偿损失的责任除应具备违约责任的必要条件外,还必须有违约行为造成对方财产损失的事实。

(四)支付违约金

违约金是指依据法律规定或者当事人的约定,一方不履行或不适当履行合同时应当向对方支付的一定数额的金钱。违约金是约定的，即只在当事人有约定时才适用。当事人迟延履行约定违约金的，违约方支付违约金后，还应当履行债务。

除上述几种基本的责任形式外，当事人还可采用价格制裁、定金制裁、信贷制裁等责任形式，以保障合同的全面履行，维护正常的经济秩序。

# 第二章 建设工程招标

## 第一节 建设工程招标的程序与分类

### 一、建设工程招标的程序

建设工程招标的程序主要包括招标方案拟定、招标方式备案、招标公告发布(或资格预审公告发布)、资格预审、招标文件发放、现场踏勘、投标预备会、投标文件编制及递交、开标、评标、定标、签约、合同备案等环节。

### 二、建设工程招标的分类

建设工程招标的分类方式有多种:按招标组织形式分为自行招标和委托招标;按招标交易信息载体分为纸质招标和电子招标;按发承包范围分为工程总承包招标、施工总承包招标、专业分包招标和材料、设备招标;按竞争的开放程度分为公开招标、邀请招标。

(一)按招标组织形式分类

1. 自行招标

自行招标是指招标人依靠自己的能力依法自行办理和完成招标项目的招标任务。

招标人具有编制招标文件和组织评标能力的,是指招标人具有与招标项目规模和复杂程度相适应的技术、经济等方面的专业人员。

招标人具有编制招标文件和组织评标能力的,可以自行办理招标事宜。招标人自行办理招标事宜,应当具有编制招标文件和组织评标的能力,具体包括:具有项目法人资格(或者法人资格);具有与招标项目规模和复杂程度相适应的工程技术、概预算、财务和工程管理等方面专业技术力量；有从事同类工程建设项目招标的经验；拥有 3 名以上取得招标职业资格的专职招标业务人员；熟悉和掌握有关法规规章。

其中工程技术、工程管理方面专业技术力量指招标人要有一定数量的技术和工程管理人员，如工程师、高级工程师、项目经理等，能够对招标项目的工期安排、技术标准等提出合理要求，并能够对投标人的技术标进行专业评审；概预算方面专业技术力量指招标人应具有一定数量的经济专业人员，如造价师等，能够依据建设工程施工图纸、规范等编制招标控制价、工程量清单，并能够对投标报价进行专业评审。除此之外，招标人还需要具备对招投标相关法律、法规及当地招投标程序非常了解的招标人员（如招标师），能够依据相关规定编制招标公告、招标文件，组织完成开标、评标及定标等工作。

招标人自行招标的，项目法人或组建中的项目法人应当在向国家发展和改革委员会上报项目可行性研究报告或资金申请报告、项目申请报告时一并上报相应的申请及证明材料。

2.委托招标

招标人不具备自行招标条件时，可以委托招标代理机构进行招标。

招标代理机构是依法设立、从事招标代理业务并提供相关服务的社会中介组织。招标人有权自行选择招标代理机构，委托其办理招标事宜，任何单位和个人不得以任何方式为招标人指定招标代理机构。

(1)招标代理机构应具备的条件

工程招标代理机构资格分为甲级、乙级和暂定级。甲级工程招标代理机构可以承担各类工程的招标代理业务；乙级工程招标代理机构只能承担工程总投资为 1 亿元人民币以下的工程招标代理业务；暂定级工程招标代理机构只能承担工程总投资为 6000 万元人民币以下的工程招标代理业务。

(2)招标代理机构的主要职责

招标代理机构可以在其资格等级范围内承担下列招标事宜。

①拟定招标方案。招标方案内容一般有招标项目背景概况，招标的组织形式，招标范围，标段划分，投标资格要求，质量、进度、造价需求目标，拟采用的招标方式，工程发包合同类型等。

②编制和发售资格预审文件、招标文件。招标代理机构最主要的职责之一是编制招标文件。招标文件是招标过程中必须遵守的法律文件，是投标人编制投标文件、招标代理机构接受投标、组织开标、评标委员会评标、招标人确定中标人和签订合同的依据。编制的招标文件的优劣将直接影响招标的质量的好坏，也最能体现招标代理机构服务水平的高低。如果招标项目需要进行资格预审，招标代理机构还要编制资格预审文件。资格预审文件和招标文件经招标人确认后方可对外发售，售出后，招标代理机构还应负责其澄清和修改等工作。

③组织审查投标人资格。招标代理机构负责组建资格审查委员会或评标委员会，根据资格预审文件或招标文件的规定审查潜在投标人的投标资格。

④编制招标控制价。招标代理机构具备造价咨询资质时，招标代理机构可接受招标人委托，依据现行规范、计价定额、取费文件、造价信息等编制招标控制价，并对投标人的质疑进行澄清、说明。

⑤组织踏勘和投标预备会。如果招标文件中已经明确统一组织现场踏勘、召开投标预备会，招标代理机构应根据招标文件规定的时间、地点组织现场踏勘，对现场情况进行介绍，并收集投标人提出的问题，组织相关人员对这些问题进行解释、澄清，编制答疑会议纪要或澄清文件并发给所有投标人。

⑥组织开标、评标。招标代理机构应按招标文件规定，接受投标人递交的投标文件，做好文件签收工作，并妥善保管；组织招标人、投标人及相关人员现场开标，做好开标记录；组织评标专家进行投标文件评审；根据评标委员会的评标报告，协助招标人做好定标工作，并起草中标通知书和中标结果通知书，分别发给中标人或未中标人。

⑦起草合同，组织签约。招标代理机构应根据招标人的委托，依据招

标文件和中标人的投标文件起草合同，组织招标人和中标人签订合同。

⑧招标人委托的其他事项。招标代理机构可以根据招标人的实际需要，完成招标人委托的其他相关工作。

（二）按招标交易信息载体分类

1.纸质招标

纸质招标即招标投标各方以纸质文件为信息载体，完成招标、投标、开标、评标、定标的交易活动。纸质招标属于比较传统的招标形式，自招标活动的最初阶段即开始广泛采用。

2.电子招标

电子招标活动是指以数据电文形式，依托电子招标投标系统完成的全部或者部分招标投标交易、公共服务和行政监督活动。目前电子招标已经在多个省份的政府投资项目中被广泛采用。

数据电文形式与纸质文件形式的招标投标活动具有同等法律效力。电子招标投标系统根据功能的不同，分为交易平台、公共服务平台和行政监督平台。交易平台是以数据电文形式完成招标投标交易活动的信息平台；公共服务平台是满足交易平台之间信息交换、资源共享需要，并为市场主体、行政监督部门和社会公众提供信息服务的信息平台；行政监督平台是行政监督部门和监察机关在线监督电子招标投标活动的信息平台。

电子招标投标系统的主要功能有以下三点。

（1）在线完成招标投标全部交易过程

在电子招标投标交易平台上能够完成全部招标、投标、开标、评标、定标等各项交易内容。招标人及招标代理机构可以在电子招标投标交易平台上发布资格预审公告，招标公告，资格预审文件，招标文件及其补充、澄清或修改，中标通知书，还可以组织网上开标、评标，公示中标候选人等。投标人可以在电子招标投标交易平台上进行投标报名，提交资格预审申请文件、投标文件，获取资格预审文件及招标文件的补充、澄清或修改，接收中标通知书等。

（2）在线编辑、生成、签名及发布招标投标文件

电子招标投标交易平台可以对与招标投标有关的各项数据信息、文

件等内容进行编辑、生成、发布、提交操作，使交易各方能够高效、便捷地发出数据、提交数据。在电子招标投标系统中能够实现电子签名，从而保证资格预审公告、招标公告、资格预审文件、招标文件、投标文件、评标报告、中标通知书等各项文件的有效性。

(3)提供行政监督的通道

电子招标投标行政监督平台是行业主管部门对招标项目进行事前、事中、事后监督管理的平台。在招标投标活动过程中，行政监督平台可以提供实时在线备案、监督及对异常情况进行及时处理的功能，主要包括：对招标人提交的招标公告、招标文件（资格预审文件）及其澄清补遗文件、招标投标情况报告等进行审批备案。为行政主管部门和监察部门提供招标投标全过程的在线监督，包括交易异常预警、交易过程跟踪、音视频监控、评标专家监督等。对投标人提出的异议进行查看，并监督招标人处理。

(三)按发承包范围分类

1.工程总承包招标

工程总承包招标又可称为建设工程全过程招标或设计施工总承包招标，招标内容包括项目前期准备工作、勘察设计、材料设备采购、工程施工等。

2.施工总承包招标

施工总承包招标一般指包含建筑工程主体结构及其他相关工程施工阶段的招标，包括招标范围内的材料、设备采购及工程施工招标。目前国内的建设工程招标主要采用施工总承包招标方式。

3.专业分包招标

专业分包招标一般指建筑工程主体内容之外的，专业性较强、可独立发包的施工招标。房屋建筑工程中涉及的专业分包招标主要有地基基础、预拌混凝土、建筑幕墙、防水保温、钢结构、模板脚手架、智能化、消防等。

4.材料、设备招标

材料、设备招标是指招标人将建设工程的部分材料、设备从施工总承包或专业分包范围内单独列项进行招标。材料招标一般仅由中标人供应材料，不包括施工，设备招标则通常包括设备供货及安装。

(四)按竞争的开放程度分类

为了规范招投标活动，保护国家利益、社会公众利益和招标投标当事人的合法权益，招标分为公开招标和邀请招标。

1.公开招标

公开招标是指招标人以招标公告的方式邀请不特定的法人或者其他组织投标。

公开招标的信息以招标公告的方式进行发布，即通过国家指定的报刊、信息网络或者其他媒介发布招标公告。招标信息传播范围广，且所有符合相应资格条件的承包商都可以平等地参加竞争，因此公开招标是一种无限竞争的招标方式。

从招标的本质来讲，公开招标属于非限制性竞争招标，最符合招标的目的。公开招标能够充分体现招标信息公开性、招标程序规范性、投标竞争公平性的特点，可以降低串标、抬标的可能性，因此，它是我国招标采购的主要方式。

2.邀请招标

邀请招标是指招标人以投标邀请书的方式邀请特定的法人或者其他组织投标。

采用邀请招标时，只有收到招标人送达的投标邀请书的投标人才可以参加投标竞争，未收到投标邀请书的投标人则不可以参加投标竞争。通常情况下，被邀请参加投标的投标人数量比较有限，因此邀请招标是一种有限竞争的招标方式。

(1)议标

议标是指招标人直接选定一家或几家承包商进行协商谈判、确定标价的方式，实质上即为谈判性采购，是采购人和被采购人之间通过一对一谈判而最终达到采购目的的一种采购方式。

从实践上看，公开招标和邀请招标这两种招标方式要求对报价及技术性条款不得谈判，议标则允许就报价等进行一对一的谈判。有些项目如一些小型建设项目采用议标方式进行招标的话，目标明确，省时省力，比较灵活，此时议标不失为一种恰当的采购方式。议标适用于造价较低、工期紧、专业性强或有特殊要求的军事保密工程。

(2)两段招标

两段招标即综合性招标或两步招标，是综合无限竞争招标和有限竞争招标的方式，即先用公开招标，再用选择性招标，分两段进行。第一阶段，投标人按照招标公告或者投标邀请书的要求提交不带报价的技术建议或方案，招标人根据投标人提交的技术建议或方案确定技术标准和要求，并依据该技术标准和要求编制招标文件。该阶段实质是招标文件的准备阶段，潜在投标人不需要递交有实质约束力的投标报价。第二阶段，招标人向在第一阶段提交技术建议或方案的投标人提供招标文件，投标人按照招标文件的要求提交包括最终技术方案和投标报价的投标文件。

两段招标适用于技术复杂或者无法精确拟定技术规格的项目。在实践中，由于装饰工程涉及方案设计及施工两大问题，且装饰公司均有设计及施工资质，因此，招标人为实现对设计方案的合理确定，常采用两段招标方式确定装饰工程设计及施工单位。工程总承包招标也适宜采用两段招标。

## 第二节　招标标段划分原则、影响因素及方法

标段划分是指招标人在充分考虑工程规模、工期安排、资金情况、潜在投标人状况等因素的基础上，将一个建设工程拆分为若干个工程段落进行招标并组织施工的行为。施工招标项目如何合理划分标段，既是招标准备工作的关键环节，又是施工组织策划的重要内容，关系到招标工作乃至工程项目能否顺利实施并达到预期目标。

招标人对招标项目进行标段划分时，应当遵守有关法律的相关规定，不得利用划分标段限制或者排斥潜在投标人。依法必须进行招标的项目的招标人不得利用划分标段规避招标。

## 一、标段划分原则

(一)责任明确

标段是作为招标客体的工程段落,构成建设合同的标的。如果承包商在履行合同中,其责任与发包方或其他承包商的责任难分难离,将会无法客观确定承包商的应尽义务和应有权利。因此,责任明确是划分标段的首要原则,包括质量责任明确、成本责任明确、工期责任明确等。承包商的上述职责在一个标段中能否被明确地认定是划分标段正确与否的基本判定依据。

(二)经济高效

经济高效是指要根据工程特点和自身条件平衡经济与高效的关系,找到一个最佳的标段划分方案,以合理地实施建设工程,实现效率与经济的统一。标段划分得越多,单位标段的标的就越少,此时承包商对资源的利用率就越低,以至于形不成规模效益,将会妨碍有实力的承包商参加投标。标段划分得越多,施工阶段同时施工的承包商就越多,发包方对各个标段的协调就越难,容易产生工期拖延、质量问题难以界定的风险。

(三)便于操作

标段划分后的可操作性是划分标段必须遵循的又一基本原则,包括招标的可操作性和建设方管理的可操作性。招标的可操作性即划分后的标段在市场上有一定的竞标对象,可以形成合理的价格竞争;建设方管理的可操作性即建设方有相应的管理力量或能委托有资质的咨询工程师协调好各个标段承包商之间在工程界面、工程质量、工期、成本、安全及环保等方面的搭接关系。

## 二、影响标段划分的因素

影响标段划分的因素包括工程规模、业主资金状况、工期目标、质量目标、业主的管理能力等。只有充分考虑要达到的目标,权衡各种因素的影响,进行最经济合理的标段划分,才能保证工程的顺利进行。

(一)工程规模

当招标项目的建筑面积大、工程量大、专业多,且包括多个单栋建筑时，若由一个承包商承担施工任务，则会因承包商的施工机械、劳动力及管理水平受到限制而影响工程进度及质量，此时可以将招标项目划分为几个分期标段或平行标段进行招标，从而选择多个承包商完成施工任务。

(二)业主资金状况

标段划分情况应与业主资金状况相匹配。若业主资金比较充裕，可以将招标项目划分为几个平行标段进行招标，由多个承包商同时进行施工，此时可以缩短工期，提前投产；若资金不充足，工程标段划分时可以按资金流量分期进行招标。

(三)工期目标

若业主希望建设项目及早投产使用，可将招标项目划分为几个平行标段进行招标。此时标段规模小、数量多，进场施工的承包商多，因而容易集中投入资源，有利于工程的尽快实施。划分多个标段虽能引进多个承包商进场，但标段规模相对偏小，发挥不了规模效益，不利于吸引大型施工企业前来投标，也不利于发挥特大型施工设备的使用效率，从而可能导致投标人提高投标报价。

(四)质量目标

当建设项目是包含多个单项工程的群体工程时，多个承包商同时施工有利于承包商之间形成一种竞争机制，可以促进工程质量的提高。而当建设项目仅为一个单项工程时，若将其分为多个标段进行施工，可能因为承包商之间的衔接、配合问题而影响工程质量，此时为提高工程质量，不宜划分标段。

(五)建设单位的管理能力

工程建设项目是一项系统工程，所划定的每个标段都是一个子系统，因此招标人要综合考虑工程布置、工期安排、实施区域和专业分工等各种情况，认真进行标段划分，使所划分的标段既要符合项目管理特点，又要有利于招标人统一管理，有利于发挥承包商的优势，有利于项目的建设实施。当施工项目存在多个标段同时施工时，需要建设单位具有较强的组织能力、协调能力，从而保证建设项目的进度及质量目标的实现。因此，若建设单位的管理能力较强，可以将招标项目划分为多个标段，否则不宜划分标段。

### 三、标段划分的具体方法

建设工程一般可划分为单项工程、单位工程、分部分项工程。对招标项目的标段划分,应与建设工程划分相一致,这样可以使招标标段在实施过程中与施工验收规范、质量验收标准、档案资料归档要求保持一致,从而清晰地划清招标人与承包商、承包商与承包商之间的责任界限。由于单位工程具有独立的施工条件并能形成独立使用功能,因此对工程技术紧密相连、不可分割的单位工程不得划分标段,一般应以单位工程作为标段划分的最小单位。在施工现场允许的情况下,也可将专业技术复杂、工程量较大且需专业施工资质的分部工程作为单独的标段进行招标,或者将虽不属于同一单位工程但专业相同的分部工程作为单独的标段进行招标。由于分项工程一般不具备独立施工条件,所以应尽量避免以分项工程为标段,从而减少各标段之间的干扰。

在招标过程中,若整个建设项目包括若干个单项工程,可以将几个单项工程划分为一个标段,也可以将几个单项工程中的单位工程划分为一个标段,还可以将几个单项工程中可单独发包的分部工程划分为一个标段。

## 第三节　招标文件

### 一、招标文件的主要内容

招标文件是招标人向潜在投标人发出的要约邀请文件,是告知潜在投标人招标项目的内容、范围、数量、招标要求、投标资格要求、投标文件编制与递交要求、评标标准与方法、合同条款与技术标准等招标投标活动主体必须掌握的信息和依据,对招标投标各方均具有法律约束力。招标文件的有些内容只是为了说明招标投标的程序要求,将来并不构成合同文件,如投标人须知;有些内容则构成合同文件,如合同条款、设计图纸、技术标准和要求等。招标人应在招标文件中约定构成合同组成部分的文件内容。

招标文件在招投标过程中具有非常重要的作用,因此招标文件的内容必须完整、全面、合理。

国务院有关行业主管部门可根据本行业特点和管理需要,对上述标准招标文件中的"专用合同条款""工程量清单""图纸""技术标准和要求"做出了具体规定。

工程总承包项目招标文件一般包括:发包前完成的水文、地勘、地形等勘察和地质资料,工程可行性研究报告,方案设计文件或者初步设计文件等基础资料。招标的内容及范围,主要包括设计、采购和施工的内容及范围以及规模、标准、功能、质量、安全、工期、验收等量化指标。招标人与中标人的责任和权利,主要包括工作范围、风险划分、项目目标、价格形式及调整、计量支付、变更程序及变更价款的确定、索赔程序、违约责任、工程保险、不可抗力处理条款等。要求投标文件中明确分包的内容。采用建筑信息模型或者装配式技术的,招标文件中应当有明确要求。最高投标限价或者最高投标限价的计算方法。要求提供的履约保证金或者其他形式履约担保。

## 二、招标文件的作用

招标文件是招标投标过程中指导和规范招标投标活动的纲领性文件,在招标投标活动中具有非常重要的作用。

(一)招标文件是投标人编制投标文件的依据

不同的招标文件对投标文件编制的具体内容存在不同规定,因此投标人在编制投标文件前应先熟悉招标文件中的相关规定,并依据招标文件的具体要求编制投标文件。当招标文件中规定了投标人必须提交某项内容,而投标人提交的投标文件中缺少该项内容时,投标文件的有效性将会受到影响,而投标人也会失去中标的机会。反之,如果招标文件中未要求投标人提交某项内容,投标人则无须编制此内容。

(二)招标文件是评标委员会评标的依据

各投标人递交投标文件并开标后,招标人应成立专门的评标委员会对投标文件进行评审，最终确定中标候选人。评标委员会不能自行确定评标的方法，必须依据招标文件中已经明确的评标方法、评标原则、评标程序对投标文件进行评审。

(三)招标文件是签订合同的依据

招标投标过程就是合同的要约及承诺的过程，最终的目的是签订发承包合同。招标文件包括合同协议书格式、通用合同条款及专用合同条款，合同条款中约定了发包人和承包人的权利、义务，约定了工期、变更等相关内容。在中标人确定后，发包人(招标人)应依据招标文件的合同条款与承包人(中标人)签订合同，而不能另行拟定合同条款。

# 第四节　招标控制价

## 一、招标控制价的概念

招标控制价是招标人根据招标项目的内容范围、需求目标、设计图纸、技术标准、招标控制价清单等，结合有关规定、规范标准、投资计划、工程定额、造价信息、市场价格以及合理可行的技术经济方案，通过科学测算并在招标文件中公开的招标人可以接受的最高投标价格或最高投标价格的计算方法。招标控制价通常在潜在投标人不多、投标竞争不充分或容易引起围标、串标的招标项目中使用。

在确定招标控制价时，各地在实际操作过程中存在不同的做法。有的地方直接将依据工程量清单、计价定额和信息价计算出来的价格作为招标控制价；有的地方将该价格称为标底，而将标底下浮一定比例后(其中非竞争费不下浮)得到的价格作为招标控制价。

## 二、招标控制价的作用

(一)招标控制价是最高投标限价

招标控制价的含义已经明确招标控制价是最高投标限价，即投标人编制的投标报价不能高于招标控制价，否则即被作为无效标处理。作为最高投标限价，招标控制价必须合理编制，不能过高或过低。因此投标人在招标控制价公布后，应依据工程量清单及相应计价文件进行认真组价，复核招标控制价是否合理，如果发现招标控制价存在问题应向招标监督机构或工程造价管理机构投诉，督促招标人对招标控制价进行复核与修改。

(二)招标控制价是评标委员会评标的参考

招标控制价是依据现行的计价文件、计价办法、工程量清单及工程造价信息等编制的，反映了完成招标内容所需发生的各项支出的合理价格，是评标委员会对各投标人的投标报价进行评审的主要依据。例如，在评审各分部分项工程综合单价、措施费等是否合理时，很多省、市都将其与招标控制价中该分部分项工程的综合单价相比较，衡量其高或低的幅度，并以此来评审是否属于不平衡报价，从而对投标报价做出量化评分。

(三)招标控制价是确定投标报价是否低于成本价的依据

为避免投标人之间的不合理竞争，各地在进行招标时都要求投标报价不能低于成本价，而成本价的计算往往也是以招标控制价为基础。很多省、市以招标控制价总价下浮一定比例后的价格作为成本价，也有将人工费、材料费、机械费、利润、管理费、措施费等分别下浮一定比例后计算出成本价，再与投标报价或各分部分项价格相比较，从而判定投标人的报价是否低于成本价。

(四)招标控制价是确定合同价格的基础

依据招投标范围及规模标准规定，工程造价较小的建设工程发包时可以采用竞争性发包等方式进行招标。此时为了节省招标人及投标人的时间及成本，有些省、市则直接依据招标控制价确定中标价，并依此签订合同。

## 三、招标控制价编制要点

(一)招标控制价的编制对象

对于国有资金投资的建设工程招标，招标人必须编制招标控制价，并以此价格作为最高投标限价。由于国有资金投资项目的投资控制实行的是投资概算审批制度，即初步设计阶段的概算额不能超过项目立项审批时的投资概算额，所以施工图预算不能超过投资概算额。而招标控制价即为施工图预算的一种体现形式，因此，国有资金投资的建设工程招标时的招标控制价原则上不能超过经批准的投资概算额。如果招标控制价超出投资概算额，须重新上报相关主管部门进行审核。

(二)招标控制价的编制主体

招标控制价应由招标人负责编制。如果招标人具有编制能力，即当本单位有与招标项目专业相符的造价员、注册造价工程师时，招标控制价可以由招标人自行编制。

(三)招标控制价的签字、盖章

我国在工程造价计价活动管理中，对从业人员实行的是执业资格管理制度，对工程造价咨询人实行的是资质许可管理制度。招标控制价封面、扉页应按上述规范中的要求进行签字、盖章，这是招标控制价生效的必备条件。

招标控制价若由招标人自行编制，编制人员必须是在招标人单位注册的造价员或造价工程师。当编制人是造价员时，由其在编制人栏签字盖专用章，并由注册造价工程师复核，在复核人栏签字盖执业专用章；当编制人是注册造价工程师时，由其签字盖执业专用章。无论编制人是谁，最后都要盖招标人单位公章，由法定代表人或其授权人签字或盖章。

若招标人委托工程造价咨询人编制招标控制价，编制人员必须是在工程造价咨询人单位注册的造价人员。当编制人是注册造价工程师时，由其签字盖执业专用章；当编制人是造价员时，由其在编制人栏签字盖专用章，并由注册造价工程师复核并在复核人栏签字盖执业专用章。最后还需盖工程造价咨询人单位公章，由法定代表人或其授权人签字或盖章。

(四)招标控制价说明

招标控制价说明应写清楚工程概况、施工方法、编制依据、风险计取等事项。其中，工程概况应包括建设规模、工程特征、计划工期、合同工期、自然地理条件等；施工方法主要是分部分项工程综合单价及措施费计算时所涉及的施工方法；编制依据应重点提及材料费、人工费、措施费的计算依据。

（五）招标控制价风险处理

招标控制价虽由发包人编制，但这是投标报价的最高限价，因此为使招标控制价与投标报价所包含的内容一致，招标控制价的综合单价中应包括风险费用。综合单价中的风险费用一般以分部分项工程综合单价（人工费＋材料费＋机械费＋管理费＋利润）为基础，再乘以一定的系数而得到，其中的系数应根据招标项目的规模、特点、难易程度、工期等因素确定。

# 第三章　建设工程投标

## 第一节　建设工程投标概述

### 一、投标及投标人的含义

投标是投标人根据工程项目的招标文件要求，编制并递交投标文件，参与该项目投标竞争的一种经济行为。投标人参与竞争并进行一次性投标报价是在投标环节完成的，在投标截止时间之后，招标人不得再接收投标文件，投标人也不得更改投标报价或其他实质性内容。因此，投标情况确定了竞争格局，是决定投标人能否中标、招标人能否取得预期招标效果的关键。

投标人是响应招标并参加投标竞争的法人或者其他组织。法人或者其他组织必须在具备响应招标和参与投标竞争两个条件后，才能成为投标人。所谓响应招标是指法人或其他组织对特定招标项目有兴趣，愿意参加竞争，按合法途径获取招标文件，按照招标文件要求编制投标文件并参加投标活动。所谓参与投标竞争，是指潜在投标人按照招标文件的约定，在规定时间和地点递交投标文件，对订立的合同正式提出要约，潜在投标人一旦正式递交了投标文件就成了投标人。

由于我国有关法律法规对建设工程投标人的资格有特殊要求，因此投标人通常是具备独立法人资格的企业或联合体，自然人不能成为建设项目的投标人。

联合体投标是两个以上法人或者其他组织以一个投标人的身份共同投标的行为，联合体各方均应具备承担招标项目的相应能力。国家有关规定或者招标文件对投标人资格条件是有要求的，因此联合体各方均应当具备规定或要求的相应的资格条件。由同一专业的单位组成的联合体，按照资质等级较低的单位确定联合体的资质等级。

## 二、投标的流程

投标活动是响应招标的一系列行为和过程，具体流程包括前期准备、投标报名、递交资格预审申请文件、购买并研究招标文件、踏勘现场、参加投标预备会、编制并递交投标文件等。

(一)前期准备

通过参加投标获得建设项目承包任务是目前施工企业承揽建设工程的主要方式，因此施工企业必须时刻关注建设项目的招标信息，包括各类招投标网站上的招标公告、资格预审公告或投标邀请，从而保证施工企业能够及时了解近期有哪些项目在进行招标，并根据情况进一步调查、了解招标公告中没有反映出的其他信息，以供企业决策需要。

除了要关注各类招投标网站的招标公告信息外，施工企业为了更早、更全面地了解建设项目的信息，还应从国家发展和改革委员会等相关部门获取各年的计划立项信息、企业的建设计划等，从而保证信息来源的全面性和及时性。

在了解了建设项目的建设计划及招标信息后，拟投标企业应对项目的内、外部环境进行充分调查，查证信息的准确性，评估投标及承包的风险。项目的内部环境主要包括拟招标项目的规模、地点、范围，招标人的管理水平、资金情况、支付能力等；项目的外部环境包括当地的经济、市场、法律、自然等环境条件。

(二)投标报名

投标人在获取了各类建设项目的招标信息后，应根据自身企业情况决定是否参加投标以及参加哪些项目的投标。投标人应在大量的招标信息中做出最有利于自身的决策，选择有能力承担并且中标机会比较大的项目。

在选择参加哪个项目的投标时，应考虑的内容包括：企业的资质是否满足招标项目的要求。招标项目对企业类似业绩、财务状况的要求是否与企业自身状况相匹配。企业是否有满足招标项目要求的建造师，如建造师的专业、资质条件、类似业绩等是否满足要求。有无满足招标项目实施所需要的技术力量、设备条件等。

在确定了具体的投标项目之后，应按照招标公告或资格预审公告中要求的时间、地点、方式进行报名，提交相应的材料。若招标项目采用邀请招标方式，投标人收到招标人的投标邀请书后，应对招标项目的各方面情况进行仔细研究，并及时向招标人确认是否参加投标。

(三)递交资格预审申请文件

对采用资格预审方式进行资格审查的招标项目，投标人应对招标项目的资格合格条件及资格审查方法进行仔细研究，并按要求准备资格预审申请文件中的各项资格证明文件，包括营业执照、资质证书、建造师注册证书、企业安全生产证书等。在各项材料准备的过程中，投标人应秉持诚信原则。

资格预审申请文件准备好后，应按要求进行签字、盖章，否则资格预审申请文件将不具有法律效力，申请时将会被否决。投标人应按规定的时间、地点进行资格预审申请文件的递交。

(四)购买并研究招标文件

通过资格审查的投标人，可以按招标人确定的时间、地点、方式购买招标文件。投标人在获取招标文件，应先对招标文件中载明的基本内容和要求进行认真研究，如投标截止时间、开标时间、招标文件澄清及修改截止时间等时间方面的要求，投标保证金的金额及递交形式要求，评标委员会的构成，履约保证金的金额及递交形式要求、承包形式、质量标准、评标方法等。投标人在了解基本内容和要求之后，应再对招标文件其余内容进行全面研究，尤其注意投标文件签字、盖章等方面的细节性要求。其次，投标人要研究招标项目的规模、特点、数量、技术、工期等要求，便于投标人进行技术、管理人员及机械设备等方面的调配，为施工组织设计的编制做好铺垫，为投标报价的编制提供基本依据。

(五)踏勘现场

招标文件中的文字描述能够使投标人对招标项目的基本要求等有最基本的了解和认识，但投标人只有对招标项目所在地的位置、地形、地势、地质及周边的交通条件等进行充分了解，才能保证施工组织设计中的平面布置、施工方法、保证措施等编制得合理且有针对性，才能保证投标报价的合理性、准确性，从而减小中标后因实际情况与投标文件编制时考虑的情况不符所带来的影响和损失。因此，不管招标人是否组织投标人对招标项目现场进行统一踏勘，投标人均应派投标小组成员到现场进行实地勘察，了解项目的实际情况，取得第一手真实的资料，从而降低投标风险。

(六)参加投标预备会

投标人应将在研究招标文件及现场踏勘的过程中发现的不明确的问题和事项及时记录下来，包括招标文件中的有关时间要求是否合理，招标范围是否存在不清楚、不明确的地方，招标的图纸与技术要求、工程量清单是否存在不一致的地方，合同条款是否存在含糊不清等。投标人应在招标文件中要求投标人提出澄清的截止时间之前将问题提交给招标人。

投标人要注意提交问题的方式。采用电子招标投标方式进行招标的项目，招标人通常要求投标人通过电子招标投标系统提出问题；采用传统方式进行招标的项目，招标人通常要求投标人提交经投标人签字、盖章的纸质文件以提出问题。因此，投标人要按照招标人要求的方式提出问题。

投标人要注意招标人是否召开投标预备会，如果不召开，应清楚招标人采用什么途径、方式对提出的问题进行澄清、解释。例如，采用电子招标投标方式进行招标的项目通常会在招投标系统中对问题给予澄清和解释，而采用传统招标方式进行招标的项目则通常采用书面方式对问题给予澄清和解释。即使某投标人没有要求招标人对具体问题进行澄清和解释，也要关注招标人对其他投标人提出的问题做出的澄清和解释，因为这些澄清和解释对所有投标人具有共同效力，均是对招标文件的补充或修改，是所有投标人编制投标文件的共同依据。

(七)编制并递交投标文件

投标人在获取招标文件之后，应该根据招标文件中关于投标文件组成内容的规定做好投标文件编制的准备工作，包括确定投标小组人员构成、分工、工作计划等。当进行了现场踏勘及取得招标文件的澄清和解释文件之后，应全面推进投标文件的编制工作。

投标文件的编制要做到全面、合理。现场平面布置图、施工方法及各项保证措施要结合招标项目所在地的建设管理部门的要求、现场实际情况、投标企业施工及验收标准、拟投入的设备和人员等情况进行合理编制。施工进度计划要响应招标项目的工期要求。投标报价要根据企业定额、市场价格水平等进行编制，同时要根据招标项目的实际情况确定合理的投标报价策略，以期获得更好的经济效益。

投标文件编制完成后，要按照招标文件要求签字、盖章、密封，并在投标文件递交截止时间之前递交，同时要按招标文件要求递交投标保证金，以确保投标文件的有效性。

## 三、投标决策

尽管每家建筑施工企业对于投标的管理手段和管理模式千差万别，但无论采用何种方式都要求该方式能适应建筑企业的发展需求，适应建筑企业对于风险防范与管控的要求，并能结合企业自身特点和优势，将各种显性和隐性的风险降至最低。因此，在进行投标决策时，建筑施工企业必须坚持四个基本原则。一是理性经营，缜密评审、慎重决策。二是先评审，后决策；谁决策，谁负责。三是不投问题标，即前期投入和垫资数额大、条件苛刻、业主诚信度低的标不投。四是不投亏损标，即投标评审时应保证企业存在一定收益率。建筑施工企业要想将这些原则落到实处，需从源头抓起，从工程项目承揽阶段抓起，维护企业自身的权益和应有的利益。

(一)投标准备阶段

收集工程项目信息既是建筑施工企业了解市场的基础，也是企业承揽工程项目的最前期的准备工作。收集到的工程项目信息质量的优劣直接影响企业后期生产经营水平和企业盈利水平的高低，因此，建筑施工企业对于工程项目信息的收集必须是多层次、多视角的，对于工程项目信息的管理和评审必须坚持科学化、程序化、规范化和制度化的原则。工程项目信息的评审主要应从信息本身和建设单位两大方面进行，在评审过程中应着重对这样几个要点进行综合分析与评审：信息的真实性和时效性；建设手续和设计图纸的完备性；招标人身份、资金、信誉度的可靠性；项目的招标方式的合理性；与招标项目建设相关的单位如设计单位、招标代理机构、监理单位等的情况；招标项目建设的进展情况及后续时间表。只有将以上的工作做实、做细，投标人才可以对是否对工程项目进行后续的跟进做出正确的研判和决策。

(二)资格预审阶段

工程项目的资格预审阶段是投标人从跟踪工程项目信息阶段过渡到获取投标资格的重要阶段，起承上启下的作用。当进行到资格预审阶段时，项目就进入了实质性阶段，此时工程项目的整体情况也较为明朗。投标人要对业主的倾向性、资金来源、招标代理机构及潜在的竞争对手情况进行全面了解和判断，并结合自身的优、劣势对是否参加资格预审作出判断。资格预审文件的评审尤显重要，评审内容主要应包括：招标文件是否存在排斥潜在投标人的条款；投标人是否满足招标人提出的必要合格条件标准；投标人对于附加合格条件标准的满足程度(是否存在严重缺项)；资格预审文件中要求的其他承诺。

(三)招标阶段

招标文件是招标人对将要招标的工程项目所作的系统说明，它是规范和指导整个招投标过程的纲领性文件。工程项目一旦中标，它将成为招标人和中标人签订施工合同的重要依据。因此，评审招标文件时应着重从以下几个方面进行综合分析与评审。

第一，报价部门和技术部门对招标文件中有关报价及本工程技术上的难点、特点、疑点进行评审，及时发现不明确的条款，确定编制经济标及技术标的主要原则、策略和技巧。

第二，合约部门、法务部门、财务部门对招标文件中的相关合同条款进行评审，如甲乙双方责任义务、工程款的支付、潜在的履约风险、法律风险及资金运作能否满足项目要求等，并提出明确意见。

第三，针对招标文件中的计价原则、调价原则、承包范围和费用范围，报价部门提出应对办法和投标技巧。

第四，分析对手的情况（有无围标、串标）及以往的投标惯例，报价部门最终确定投标报价的调整原则。

通过上述四方面的评审，投标人可以对工程情况有一个全面细致和理性的了解，可以正确做出是否参与工程项目跟进、资格预审和投标的决策。作为建筑施工企业的管理者，应该对不符合企业发展要求的工程项目行使否决权。

## 四、投标文件的签署、装订和密封

投标人在投标文件编制工作完成后，应按照招标文件的要求对各项文件进行签字、盖章。凡是投标文件格式中标注有签字、盖章的地方，投标人均应按要求进行签字或盖章。要特别注意，投标文件中写明需要相关人员签字的地方，如需要投标人、法定代表人、授权委托人、造价工程师或造价员、技术负责人等人员签字时，通常在招标文件中用“（签字）”来注明。

对于采用电子招投标系统递交投标文件或者采用电子光盘递交投标文件的情况，通常要求投标人对投标文件进行电子签章。因此，在投标文件提交前，相关负责人一定要逐页认真检查。

对于采用传统纸质文件递交投标文件的情况，投标人要按照招标文件要求对投标文件进行装订和密封。当要求将商务标、技术标或业绩分开装订时，一定不要将其混装在一起。投标文件封口的内容应按照招标文件要求，注明招标人名称、招标项目名称、投标人名称及投标截止时间等，不得遗漏。

## 五、投标文件的递交

投标人必须在招标文件规定的截止时间前递交投标文件，否则将会被拒收。

投标人应当在招标文件要求提交投标文件的截止时间前，将投标文件密封送达投标地点。招标人收到投标文件后，应当向投标人出具标明签收人和签收时间的凭证，并妥善保存投标文件。在开标前，任何单位和个人均不得开启投标文件。在招标文件要求提交投标文件的截止时间后送达的投标文件，为无效的投标文件，招标人应当拒收。提交投标文件的投标人少于3家的，招标人应当依法重新招标。投标人在招标文件要求提交投标文件的截止时间前，可以补充、修改或者撤回已提交的投标文件，补充、修改的内容为投标文件的组成部分，在招标文件要求提交投标文件的截止时间后送达的补充或者修改的内容无效。

投标文件的递交人员必须事先弄清楚招标文件中明确的投标文件的递交地点，如果弄错地点，可能会在截止时间之前无法按时递交投标文件。

## 六、投标企业资质等级划分

### (一)建筑企业资质等级划分

招标人可以根据招标项目本身的要求，在招标公告或者投标邀请书中，要求潜在投标人提供有关资质证明文件和业绩情况，并对潜在投标人进行资格审查。招标人在拟定招标公告时应合理地确定投标人的企业资质等级要求。

我国建筑业企业资质分为施工总承包、专业承包和劳务分包三个序列。称取得施工总承包资质的企业为施工总承包企业，称取得专业承包资质的企业为专业承包企业，称取得劳务分包资质的企业为劳务分包企业。施工总承包企业既可以对所承接的施工总承包工程内各专业工程全部自行施工,也可以将专业工程或劳务作业依法分包给具有相应资质的专业承包企业或劳务分包企业。专业承包企业既可以承接施工总承包企业依法分包的专业工程和建设单位依法发包的专业工程,也可以对所承接的专业工程全部自行施工,还可以将劳务作业依法分包给具有相应资质的劳务分包企业。劳务分包企业可以承接施工总承包企业或专业承包企业分包的劳务作业任务。

建筑工程是指各类结构形式的民用建筑工程、工业建筑工程、构筑物工程及相配套的道路、通信、管网管线等设施工程。工程内容包括地基与基础、土石方工程、主体结构、建筑屋面、装修装饰、建筑幕墙、附建式人防工程以及给排水及供暖、通风与空调、电气、消防、防雷等配套工程。

对于一些复杂的大型项目,单靠单一投标人的能力不可能独立完成或者能够独立完成的单一投标人数量极少时,招标人可以接受联合体形式投标。联合体资质的认定应以“联合体协议书”中规定的专业分工为依据。不承担“联合体协议书”中有关专业工程的联合体的成员,其相应的专业资质不作为对联合体相应专业工程的资质考核的内容。承担“联合体协议书”中同一个专业工程的成员,按照其较低的资质等级确定联合体的资质等级。联合体中标后,联合体各方共同就中标项目向招标人承担连带责任,即发包人有权要求联合体的任何一方履行全部合同义务,联合体的任何一方均不得以其内部联合体协议的约定来对抗招标人,这有利于增强联合体各方的责任感。这就要求联合体各方既要依据联合体协议履行自己的工作职责,又要互相监督协调,保证整体工程项目的合格。招标人接受联合体投标的,联合体各方在同一招标标段中以自己名义单独投标或者参加其他联合体投标的,相关投标均无效。

(二)注册建造师资质等级划分

注册建造师是指通过考核认定或考试合格后取得中华人民共和国建造师资格证书,并取得中华人民共和国建造师注册证书和执业印章,担任施工单位项目负责人及从事相关活动的专业技术人员。未取得注册证书和执业印章的，不得担任大、中型建设工程项目的施工单位项目负责人，不得以注册建造师的名义从事相关活动。注册建造师可以从事建设工程项目总承包管理或施工管理、建设工程项目管理服务、建设工程技术经济咨询业务以及法律、行政法规和国务院建设主管部门规定的其他业务。

注册建造师分为一级注册建造师和二级注册建造师，可在全国范围内以一级、二级注册建造师名义执业。注册建造师不得同时在两个及两个以上的建设工程项目上担任施工单位项目负责人。发生这些情形之一时除外：同一工程相邻分段发包或分期施工的；合同约定的工程验收合格的；因非承包方原因致使工程项目停工超过120天（含），经建设单位同意的。注册建造师在担任施工项目负责人期间原则上不得更换，如发生特殊情形应当在办理书面交接手续后更换施工项目负责人。

大、中型工程施工项目负责人必须由本专业注册建造师担任。一级注册建造师可担任大、中、小型工程施工项目负责人，二级注册建造师可担任中、小型工程施工项目负责人。

除了一级、二级注册建造师能够担任施工项目负责人外，很多省份在实施过程中还允许小型项目管理师担任小型工程施工项目负责人。小型项目管理师是指通过各省统一考试后，取得建筑业企业小型项目管理师证书，担任施工单位小型工程施工项目负责人的专业技术人员。

## 第二节　投标报价

### 一、投标报价的主要内容

投标报价的主要内容通常包括投标报价封面、扉页、总说明，建设项目投标报价汇总表，单项工程投标报价汇总表，单位工程投标报价汇总表，分部分项工程和单价措施项目清单与计价表，综合单价分析表，总价措施项目清单与计价表，其他项目清单与计价汇总表（包括暂列金额明细表、材料（工程设备）暂估单价表、专业工程暂估价表、计日工表、总承包服务费计价表),规费、税金项目清单与计价表,承包人供应主要材料一览表等。

## 二、投标报价的编制内容

### (一)投标报价的编制主体

投标报价应由投标人自行编制,也可以由受投标人委托的造价咨询公司编制。若投标报价由投标人自行编制,根据当地工程造价管理部门对于执业人员的相关从业规定,具体编制人应该是在本单位注册的造价员或造价工程师。委托造价咨询公司编制投标报价时,若编制人是造价员,则还应该由造价工程师对造价员编制的投标报价进行审核。不论是投标人自行编制还是委托造价咨询公司编制,投标报价的封面、扉页均应按照格式要求由造价人员签字、盖专用章,并盖投标单位或造价咨询公司章。

### (二)投标报价的编制方法

施工图预算、招标标底、招标控制价和投标报价均由成本(直接费用、间接费用)、利润和税金构成,其编制可以采用以下计价方法。

#### 1.工料单价法

分部分项工程量的单价为直接费用,应根据人工、材料、机械的消耗量及相应价格确定,另外,还需单独计算各项间接费用、利润及税金。

#### 2.综合单价法

分部分项工程和措施项目中的单价项目应按照招标工程量清单中的项目编码、项目名称、项目特征描述确定综合单价。综合单价包括完成该清单项目所需的人工费、材料费、设备费、施工机具使用费、企业管理费、利润以及由投标人承担的一定范围内的风险费用。当市场价格的波动幅度在该范围以内时,成本增加的风险由投标人(或承包人)承担;当市场价格的波动幅度超出该范围时,成本增加的风险由招标人(或发包人)承担。目前建设工程招投标时一般采用综合单价法。

(三)投标报价的编制依据

投标报价编制依据主要有工程量清单，招标文件及其澄清、答疑纪要，施工图纸，企业定额，市场价格或工程造价管理部门发布的工程造价信息等。

1.工程量清单

工程量清单是由招标人或招标人委托的造价咨询公司根据招标文件及施工图纸编制的，它作为招标文件的主要内容之一发给所有投标人。投标人应按照工程量清单中的项目编码、项目名称、工程量、计量单位、项目特征描述等确定分部分项工程费、措施项目费等。

2.招标文件及其澄清、答疑纪要

招标文件中明确的工期目标、质量要求、关于变更及综合单价调整的合同条款等均应作为投标人编制投标报价的依据。例如，招标工期比定额工期短时，投标人应根据二者差异计算赶工措施费；招标人对招标项目的质量标准要求较高时，投标人应按优质优价原则进行投标报价；投标人应依据招标文件合同条款中关于设计变更的计价方法及综合单价调整的原则确定各分部分项工程综合单价。

3.施工图纸

在时间比较充裕的情况下，投标人应仔细阅读施工图纸，应对量大、价高的清单工程量进行核实，发现存在问题时可以要求招标人给予澄清、说明或改正，或者根据核实后的情况采取适宜的投标策略，从而为投标人带来更多的经济效益。

4.企业定额

投标报价应尽可能反映投标企业的管理水平以及人工、材料、机械消耗标准等实际情况。有企业定额的投标人，应根据企业定额确定各分部分项工程的消耗量及损耗。但目前我国大多数投标企业均没有自己的定额，此时投标人可以参考当地工程造价管理部门发布的定额，并根据自身管理水平进行适当调整。

5. 市场价格或工程造价管理部门发布的工程造价信息

各分部分项工程人工、材料、机械的消耗数量确定后，综合单价的高低则取决于人工、材料和机械的价格，管理费和利润的取费标准以及投标人考虑的相应风险的高低。而人工、材料、机械的价格应根据投标报价当时的市场价格确定，因此造价人员应与材料采购人员及时沟通，了解企业采购时的真正价格，在此基础上预测市场波动及可能面临的其他风险，最终确定人工、材料、机械的价格。如果没有采购人员提供相关信息，则需要造价人员事先对市场价格进行充分调研和了解，进而确定相应的报价。如果没有足够时间或相应的条件调研市场价格，可以参考当地工程造价管理部门发布的工程造价信息以确定人工、材料、机械的价格。

6. 当地取费文件及相关规定

分部分项工程费中的管理费和利润的计取应由投标人根据企业管理费支出及期望获得的利润水平确定。在没有直接可依据的数据时，投标人也可以参照当地取费文件中关于管理费和利润的费率标准确定。对于措施费、规费和税金等费用的确定，除了参照招标文件中有的明确规定外，也应参照当地取费文件及相关规定。

7. 现场情况、工程特点及施工组织设计

造价人员在编制投标报价时，必须依据施工组织设计的具体内容确定分部分项工程及措施项目费价格。施工组织设计是根据现场情况、工程特点编制的，包括现场平面布置、进度安排、主要施工方法及保证措施等内容，是投标文件的重要组成部分。如现场平面布置图及设备计划中配备的塔吊、施工电梯数量是计算垂直运输费及大型机械进出场费的直接依据；土方工程施工方法、外运距离是计算挖土及土方回填报价的直接依据；桩基础施工方法是计算桩的报价的直接依据；混凝土浇筑方法、钢筋连接方法等是计算混凝土工程及钢筋工程价格的直接依据；脚手架的类型、模板材料的种类是计算脚手架及模板价格的直接依据。

## 三、投标报价策略

投标人按照正常情况完成报价后，为了能够获得中标机会，或为了在中标后取得更好的经济效益,往往会对投标报价作深入分析,并选取合适的投标报价策略。投标报价策略是指在投标过程中,投标人根据招标项目的特点、竞争程度等确定的竞争方式和手段。投标报价策略主要有以下几种。

(一)高报价策略

高报价策略是指投标人按正常情况编制投标报价后,对投标总报价进行适当调高的策略。该策略适用的情况有这几种:施工条件差的工程。如气候恶劣、有辐射等可能增加施工难度或对人身健康有一定影响的工程。技术要求高的工程。如招标项目需要使用某种新技术或专有技术而具有该技术的企业相对较少,或者为完成该项目需采购特殊设备、购入特殊材料的工程。总价低的工程。这类工程需要使用的工种、设备类型等与普通工程相似,但因涉及进退场等费用,故应适当调高报价。工期要求比正常工期短的工程。该类工程的各类周转材料的用量较高,同时进场的施工人员比较集中,材料供货期缩短,从而增加施工企业的投入,故应适当提高报价。支付条件不好的工程。这类工程需要承包人垫付的资金金额较大,对承包人的资金要求较高,且会增加承包人的资金筹集及使用成本,故应适当提高报价。竞争对手少的工程。对于竞争对手少的工程,一般竞争不会特别激烈,投标人适当提高报价后也仍有较大希望中标。

(二)低报价策略

低报价策略与高报价策略恰好相反,即指在正常报价的基础上适当降低投标总报价的策略。该策略具体适用的情况大多与高报价策略相对应,如施工条件好的工程,技术要求不高、简单、量大的工程,总价高的工程,工期不紧的工程,支付条件好的工程,竞争对手多的工程。除此之外,当投标人想要拓展一个新的区域,计划进驻某地施工时,可以选择低报价策略,这样将有利于提高投标人的中标概率,为公司长远发展奠定基础。

(三)不平衡报价策略

不平衡报价策略是指在投标报价时,投标人合理确定投标总报价后,在保证其不变的前提下,有意识地改变某些分部分项工程的正常价格,即提高某些分部分项工程的单价，降低另一些分部分项工程的单价，以期在不影响中标的情况下，得到更理想的经济效益的策略。同时，不平衡报价可以使中标人的结算价高于中标价，增加投标人的经济效益，加快资金收回速度。该策略是目前投标报价时应用比较普遍的策略。

不平衡报价的总体处理原则是在不影响投标总报价竞争力的前提下，对有利于工程款提前兑现、可能有利润提升潜力的项目报高价，而对在招标范围内可能减少甚至取消承包工作的项目尽量报低价。两类报价高出的部分与低出的部分相互抵销，因此从表面上看调整后的总报价与正常报价基本一致，但一旦中标形成合同，竣工结算时承包人可获得超额利润。价格调整的具体方式有这几种：前期施工的分部分项工程（如土方工程、基础工程、主体工程等）的综合单价可以适当调高，后期施工的分部分项工程（如安装工程、装饰工程等）的综合单价可适当降低。对于估计实际工程量会增加的项目，可提高其综合单价；对于估计工程量会减少的项目，可降低其综合单价。图纸不明确或有错误，估计会修改的项目单价可以提高。没有工程量、只填单价（如计工日）的项目，其单价宜提高。估计不一定会发生的项目，其单价可降低。

## 四、综合单价组价

进行分部分项工程及单价措施项目的综合单价组价时，应从人工、材料、机械的消耗量及价格两方面综合考虑。当投标人有企业定额可使用时，各分部分项工程及单价措施项目的人工、材料、机械消耗量应按企业定额中明确的消耗标准确定；当投标人没有企业定额或企业定额中没有适用项目时，投标人应参照当地工程造价管理部门发布的消耗量定额确定人工、材料、机械消耗量。人工、材料、机械价格应按市场价格计取，当投标人与劳务分包单位、供货商有过合作时，可参考合同中约定的价格或协商的价格计取相关的费用，同时还要考虑市场波动的风险。投标人也可以参考当地工程造价管理部门发布的人工、材料、机械等指导价计取相关的费用，此时为使投标人的报价具有竞争性，需投标人根据自身企业的采购渠道等考虑一定的下浮，以提高中标的可能性。

对于项目特征描述比较明确、详细的分部分项工程及单价措施项目，投标人应在对其内容、范围、施工方法、材料种类、型号、规格等进行认真分析后进行定额子目的套用，不能缺项、多项，否则综合单价可能偏高或偏低，影响评标时的得分。对于项目特征描述不明确、不具体，或者综合性特别强的分部分项工程及单价措施项目，投标人应认真研究施工图中的设计做法、工程特点及施工组织设计中采用的施工方法以进行定额套用，并且要合理预测各类风险，如设计变更、施工方法改变、市场价格波动等对于进度款确定及结算价确定的影响。

在套用定额子目时，要注意定额的工程量计算规则与清单规范的计算规则是否相同。如果规则相同，可以直接按清单工程量输入定额子目的工程量；如果规则不同，则应依据定额计算规则及招标图纸重新计算定额子目对应的工程量，以此计算各个清单项目的总价，再除以清单项目的工程量得出综合单价。

目前有些地区的招标人会把招标控制价文件发给所有投标人，此时投标人一般只需对其组价进行复核，确认无误时，在此基础上对人工费、材料费、机械费、管理费、利润、措施费率等进行下浮调整，确定各项综合单价。

## 五、投标报价的限制

投标人应根据招标工程量清单及招标文件等规定自主确定投标报价。投标报价中分部分项工程及措施项目等的项目编码、项目名称、项目特征描述、计量单位、工程量等必须与招标工程量清单中的一致，不得更改。招标工程量清单中列明的所有需要填写单价和合价的项目，投标人均应填写且只允许填写一个报价，未填写单价和合价的项目，将被视为其费用已包含在已标价工程量清单的其他项目中。

投标报价扉页或报价汇总表中的投标总价应与分部分项工程费、措施项目费、其他项目费、规费和税金的合计金额一致，不能高于控制价且不得低于招标人规定的成本价或按市场价格水平确定的成本价，否则投标文件就被认为是未对招标文件做出实质性响应而作为无效标处理。

招标控制价一般都会在招标文件规定的时间内进行公示，因此投标人通常不会做出高于招标控制价的报价。但关于成本价的计算方法，各地有不同的做法。例如，有些地区以造价信息中的人工、材料、机械价格为基准，将下浮一定比例后得到的价格作为成本价；有的地区以招标控制价中的人工费、材料费、机械费、管理费、利润、措施费等为基准，将下浮一定比例后得到的价格作为成本价。因此投标人按正常情况编制投标报价后，应认真地将本公司的投标报价与招标文件中规定的成本价进行比较分析，如果本公司的投标报价低于成本价，则应对相关费用报价进行调整，以满足不低于成本价的要求，从而保证投标文件的有效性。

## 六、投标报价阶段的风险

建设工程自身及其外部环境的复杂性给投标人全面地、系统地识别工程风险带来了许多具体的困难，投标人在投标报价阶段主要考虑以下风险对投标报价的影响。

### (一)自然风险

自然风险包括洪水、地震、火灾、台风、雷电等，是不可抗拒的风险因素。另外，不明的水文气象条件、复杂的工程地质条件、恶劣的气候等都是潜在的自然风险因素。按照一般合同条件，这类风险应由合同主体共同承担，承包人一般只能得到工期延误的补偿。

### (二)市场调查和现场考察风险

有些工程的建筑材料和工程设备的报价主要取决于项目所在地的市场供应情况，因此，对项目所在地建筑行业的全面调查是确保投标成功的关键环节。这些调查对象包括当地的人力资源及工资水平，当地建筑材料、工程设备市场及配套服务状况，当地同类建筑的一般造价资料，当地的交通设施及能源供应状况等。认真调查工程所在地的施工环境、慎重考察施工现场的状况也是工程投标报价阶段绝对不能缺少的环节。

(三)施工技术风险

在投标报价之前,需要先研读施工图纸,找到工程的难点,并制定相应的施工方案。在制定方案时,应从造价、施工难度的角度进行分析,选择最合理的施工方案。

(四)工程量核算不准确的风险

招标文件中附有工程量清单,投标人按照招标工程量表填报单价,汇总出总报价。尽管招标人在招标文件中提供了工程量清单,但投标人仍然要在投标报价阶段复核或核算工程量清单表,并应尽量准确。

# 第三节　技术标

## 一、技术标的含义

技术标是投标阶段投标人依据招标范围、招标文件及招标项目的特点等编制的用于投标的施工组织设计,是评标委员会评标的依据。

建筑工程既具有产品的单一性特点,又具有漫长的生产周期。施工组织设计是工程技术人员运用以往的知识和经验,以投标的施工项目为对象,对建筑工程的施工预先设计的一套运作程序和实施方法。它是用以指导施工的综合性文件,是建筑工程招投标和组织施工必不可少的重要文件。

技术标不同于施工阶段所编制的施工组织设计。前者以中标为目的,内容与格式应满足招标文件中对技术标的要求,并强调对招标要求的响应性(如明标、暗标的形式要求,工期要求,质量要求等),重视对评标办法的符合性;而后者以科学管理与营利为目的,是在前者基础上进行的深化与拓展,强调的是可操作性和可实施性。

## 二、技术标编制的注意事项

招标人在编制招标文件时通常对技术标应包括的具体内容作出明确

规定,各省、市的要求会根据当地的具体情况而存在差异。因此,投标人在编制技术标时应紧密围绕招标文件中关于技术标的要求而编制,在编制技术标时要注意以下几个事项。

(一)内容全面,重点突出

技术标内容涉及方方面面,编写时应紧密围绕招标文件要求,综观全局、突出重点、统筹安排、切莫遗漏,并且要对评标方法做出响应,内容详略得当。对于评分较高的内容,如施工部署、施工方法、资源配备、施工平面布置、进度计划等应详细编制,反映出投标人的施工水平及管理能力,同时应保证编制内容具有可操作性;相反地,对于非重点内容可以简单阐述。投标人编制技术标时应尽可能多地采用图表、流程图等,做到图文并茂,给评标专家一个好的印象。

(二)重视组织机构的安排

组织机构既是现代企业管理的核心,也是施工管理的基础。在工人、机械、材料、法则、环境这五大要素中,人的因素是第一位的。因此,技术标中应对投标人的施工组织机构安排进行阐述。项目负责人作为投标人在该项目上的第一责任人,须具体负责组织施工生产和管理各项工作,故其素质及管理水平对工程的实施有着至关重要的作用。因此,应优先选用具有良好业绩的项目负责人,并且将其主要业绩列入技术标中。此外,还应妥善安排项目部人员,包括技术负责人等,做到各尽其才、持证上岗、职责分明。

(三)突出“组织”

为使技术标编制得合理,要突出“组织”二字,应对施工中的人力、物力和方法,时间与空间,局部与整体,阶段与全过程等给予周密的安排。从突出“组织”的角度出发,应重点突出技术、空间和时间三大要素,编好五项内容。一是选择合适的施工方法,该项内容解决的是技术问题,投标人在编制时既要保证施工方法的先进性、可行性,又要保证其经济性。二是施工部署和施工总平面布置,其关键是如何安排施工和合理利用空间。三是施工进度计划安排,这项内容所要解决的问题是施工顺序和时间安排问题。“组织”工作是否得力,主要看时间是否利用合理,顺序是否安排得当。巨大的经济效益寓于时间和顺序的合理安排之中。四是体现先进施工工艺和施工机械设备的优势。五是各种措施要有针对性,如安全文明措施、质量保证措施等。

(四)重视施工现场平面布置

施工现场平面布置可集中反映现场生产方式、主要施工设备的投入及布置,一份好的施工现场平面布置图就如同一份简易的施工方案,是施工生产过程中技术、安全、文明、进度、现场管理等方面的形象化、简明化的表述,也是评标时的重点内容。从大型机械设备的选择和布置可以看出现场施工材料的组织运输形式;从材料堆场及临时设施的规模等可以看出工程的规模及施工资源的集结程度;从现场设备的数量、性能等可以看出施工生产的主要方式、难易程度和效率。

## 三、技术标的编制依据及原则

(一)技术标的编制依据

1. 招标文件

招标文件中明确的招标范围、工程量、工期、质量要求等是技术标编制的直接依据。

2. 与工程建设有关的法律、法规和文件

国家、省、行业主管部门发布的施工组织设计规范,施工及验收规范、规程和有关施工定额是确定施工方案的内容、编制进度计划、施工方法、保证措施等的主要依据。

3. 招标图纸、图集

招标图纸、图集包括用于招标的全部施工图纸及图纸中指明使用的标准图集等。

4. 施工现场条件

施工现场条件包括施工现场的地形与地貌、地上与地下的障碍物、工程地质和水文地质资料、气象资料、交通运输道路情况及场地面积等。

5.其他

其他包括投标企业的组织机构安排、技术水平、机械设备状况等。

(二)技术标的编制原则

第一,符合招标文件中有关工程进度、质量要求、安全要求、环境保护、工程造价等方面的要求。

第二,积极开发,使用新技术、新工艺,推广应用新材料和新设备。

第三,坚持科学的施工程序和合理的施工顺序。采用流水施工和网络计划等方法,科学配置资源,合理布置现场;采用合理的施工顺序实现均衡施工,达到合理的经济技术指标。

第四,采取先进的技术和管理措施,推广建筑节能和绿色施工。

第五,与质量、环境和职业健康安全三个管理体系有效结合。

## 四、技术标编制前的准备工作

(一)认真分析招标文件和仔细阅读施工图纸

施工图纸是施工的依据,而招标文件则是对建筑产品的功能、生产成本、生产期限和生产地点提出的具体要求。满足招标文件的要求是投标单位的基本职责,投标人认真分析研究这些要求的目的就是清楚这些要求对施工产生的影响,从而能针对这些要求来编制技术标。

(二)认真分析施工现场条件

投标人应对施工场地的地理位置、气象条件、施工现场的地形地貌特点、水文地质条件及施工场地的周围环境、道路、水源、电源、通信设施等现状进行深入的了解,特别要重视那些对施工有影响的重点因素,并在施工平面布置和施工部署方案中给予充分考虑。

## 五、技术标编制的具体分析

(一)总体概述编制

总体概述能够使人们了解工程项目的基本情况及施工组织情况等,通常包括工程概况、施工部署等内容。

1. 工程概况

工程概况包括项目基本情况和现场施工条件等。项目基本情况应简要说明项目的名称、性质(项目性质分为工业和民用两大类,应简要介绍项目的使用功能)、地理位置、工期要求、设计概况等影响施工方案的信息。其中的设计概况又可以细分为建筑概况、结构概况和安装概况。建筑概况一般包括建筑规模,建筑层数,建筑总高度及层高,拟建工程平面形状、平面尺寸,耐火等级,墙体厚度,砌体材料类型,楼地面、墙柱面及顶棚工程的装修材料种类、施工方法、屋面防水、保温材料种类及施工方法、门窗材料种类等。结构概况一般包括结构形式,基础形式,抗震设防类别,柱、梁、板等主要构件砼强度等级等。安装概况包括给排水、电气、通风、空调、消防等安装专业系统的做法要求。现场施工条件包括工程所在地的气象状况(如施工期间当地气温、风力、风向、雨雪量和霜冻等气象情况,冬雨季施工期限等),地形、地势、地质状况(包括地质构造,土的性质和类别,地基土的承载力,地下水位、水质等),施工区域地上、地下管线及建(构)筑物情况,周边道路、建(构)筑物情况等。

2. 施工部署

施工部署是对项目实施过程做出的统筹规划和全面安排,包括项目施工目标、施工顺序及空间组织安排、分包单位的选择与管理等,是施工组织设计的纲领性内容。施工现场平面布置、施工进度计划、施工方法等施工组织设计的其他组成内容都应围绕施工部署的原则编制。

(1)施工目标

施工目标应根据招标文件及投标单位对工程管理目标的要求确定,包括进度目标、质量目标、安全目标、环境目标等。

(2)施工顺序及空间组织安排

施工顺序是指某一施工过程中施工的先后次序。确定施工顺序既是为了按照施工的客观规律来组织施工,也是为了解决工种之间在时间和空间上的衔接问题。在保证质量和施工安全的前提下,最终实现充分利用空间、充分争取时间、缩短工期的目的。

施工顺序一般根据“先地下后地上,先主体后围护,先结构后装修”的原则，结合具体工程的建筑结构特征、施工条件和建设要求，合理确定该建筑物的施工开展顺序，包括确定各建筑物、标段、楼层、单元的施工顺序，施工段的划分，各主要施工过程的施工流向等。

(3)分包单位的选择与管理

对于总承包工程的施工组织设计，施工部署应简要说明拟分包工程以及对分包单位的资质要求、能力要求、选择方式、管理方式等。

(二)施工现场平面布置

施工现场平面布置是指在施工用地范围内，对各项生产、生活设施及其他辅助设施等进行的规划和布置。

1. 施工现场平面布置的主要内容

施工现场平面布置的主要内容通常包括：工程施工场地状况，如临路情况、红线位置、周边已有建(构)筑物状况等；拟建建(构)筑物的位置、轮廓尺寸、层数等；施工现场的材料、构配件、半成品堆放、加工场地位置和面积；施工场地内的办公和生活用房(如宿舍、食堂、卫生间等)的位置和面积；施工场地内的垂直运输设施、设备(如塔吊、施工电梯等)的位置；施工场地内的生产设施、设备(如混凝土、砂浆搅拌机等)的位置；施工场地内的临时供电、供水、排水设施的位置；临时施工道路的位置和尺寸；施工现场必备的安全、消防、保卫和环境保护等设施(如门卫、围墙、消防栓、灭火器等)的位置。

2. 施工现场平面布置的原则

施工现场平面布置应符合这几项原则：平面布置科学合理，施工场地占用面积少；合理组织运输，减少二次搬运；施工区域的划分和场地的临时占用应符合总体施工部署和施工流程的要求，减少相互干扰；充分利用既有建筑物和既有设施为项目施工服务，降低临时设施的建造费用；临时设施应方便生产和生活，办公区、生活区和生产区宜分离设置；符合节能、环保、安全和消防等要求。

3. 施工现场平面布置的要点

第一，施工现场平面应按工程施工进度计划进行布置，因地基基础、主体结构、装修三个阶段的现场平面布置会有部分差异，因此，布置施工现场平面时应按照地基基础、主体结构、装修三个阶段分别布置。

第二，施工现场平面布置不能只用文字叙述，应采用图文结合的方式，绘制出施工现场平面布置图。绘制时应标明比例关系，各种临时设施应标注外围尺寸，或用图表的形式说明具体的面积等指标。

第三，临时道路布置应将加工场地、材料堆放场地、仓库、施工地点、办公区、生活区等串联起来，并考虑消防需要。主干道采用双车道环行布置，宽度不小于 6m。次要道路可采用单车道，宽度不小于 3.5m，道路末端要设置回车场。

第四，工现场出入口应设置在临近城市道路一侧，并应设置有 2 个以上出入口，各出入口应设置门卫室。施工现场周围应设置封闭围墙，以方便对施工现场安全等进行管理。

第五，设置材料堆场及仓库时应考虑放置进场的各种材料、构配件、半成品所需要占用的面积，如砌体、模板、脚手架、钢筋、门窗等所需要占用的面积。材料堆放应方便施工，且材料运输距离应尽量短，避免二次搬运以提高生产效率和节约成本。因此，应根据施工阶段、施工位置的标高和使用时间的先后确定材料的堆放位置。

第六，施工现场的塔吊、施工电梯等垂直运输设施应根据拟建工程的平面形状、尺寸、施工段划分、机械的运输能力、最大起升高度及荷载等确定，其目的是充分发挥起重机械的工作能力，并使地面和楼面的运输量最小且施工方便。当一台塔吊或施工电梯无法满足材料、构配件的运输需要时，应设置多台配合使用。塔吊与施工电梯的位置设置应合理，力求充分发挥其功能，提高运输效率。塔吊的作业半径应覆盖施工场地、材料堆放地、加工场地等，在平面布置图上应画出塔吊的作业半径。

第七，为便于零星构配件进行混凝土搅拌及砂浆搅拌，现场应布置混凝土搅拌机、砂浆搅拌机。由于砂浆量比混凝土量多，因此，砂浆搅拌机位置应尽量靠近拟建建筑物，且出料口应在垂直运输设施的工作幅度内。由于混凝土搅拌量相对较少，因此，混凝土搅拌机的位置可相对偏一些，便于给其他设施设备或材料堆放场地让位。水泥、砂石等材料堆放场地应环绕搅拌机就近布置。

第八，办公室、宿舍、食堂、厕所等临建设施的布置应满足使用方便、不影响施工的要求，并符合防火、安全要求。办公区和生活区宜分开设置，当可利用已有建筑时，首先应考虑利用已有建筑，其次再考虑建造临时设施，以减少临时设施的费用。

第九，建设工程施工时，施工现场需要具备供应生产用水和生活用水的设施、设备。临时用水应尽量利用拟建工程的永久性供水系统，因此在进行施工准备时，应先修建供水系统，至少将干线水管修建到施工现场的入口处。临时供水的引入位置、管线的布置位置等应在现场平面布置图中明确画出，并用符号进行标识，凡需要用水的场地和位置均应布置水管。临时供水管的直径要根据施工现场总用水量进行设计。

第十，在建筑工程施工中，随着机械化程度的不断提高，用电量也不断增多，因此，必须正确地确定施工过程中电的需求量，合理选择电源和电网供电系统。供电的引入位置、管线布置等应在现场平面布置图中明确画出，并用符号加以区别，凡需要用电的场地和设施、设备均应布置电线管路。临时供电的合理确定包括计算用电量，选择电源，布置配电线路和确定导线截面，确定供电系统的形式和变电站的功率、数量。

(三)施工进度计划及其保证措施编制

1. 施工进度计划编制

施工进度计划是为实现项目设定的工期目标，对各项施工过程的施工顺序、起止时间和相互衔接关系所做的统筹策划和安排，从而保证在规定的时间内顺利完成施工任务。施工进度计划是施工部署在时间上的体现，反映了施工顺序和各阶段工程进展情况，应均衡协调，科学安排。

施工进度计划应根据施工进度目标，按照施工部署确定的施工顺序和空间组织安排等进行编制，其表达形式一般包括横道图和网络图两种。对于工程规模不大、工期短、技术要求不高的工程，可采用横道图表示施工进度计划。横道图中应包括分部分项工程名称、施工起止时间等；对于工程规模大、工序比较复杂的工程，宜采用网络图表示施工进度计划，并对各类参数进行计算，找出关键线路，选择最优方案。

施工进度计划应内容全面，安排合理，科学实用，应反映项目施工的技术规律和采用的合理的施工顺序，应反映各工序之间在时间和空间上的顺序衔接关系、施工期限和施工开始、结束时间，以达到保证质量、安全施工、充分利用时间与空间、合理安排进度的目的。编制施工进度计划时应合理划分工序单位，根据工程实际情况决定编制的粗细程度。施工进度计划应包括含准备工作在内的全部工程，同时要做到重点突出，一些次要的分部分项工程可以合并到工艺上接近、组织上有关联的分部分项工程中去，或者将零星的、次要的工程合并成一项，以“其他工程”或“零星工程”项单独列出。

在施工进度计划的编制过程中应注意以下几点。

第一，各项工作持续时间应根据具体工程量、所采用的施工方法、人员、机械配备数量等情况确定。例如，在确定土方开挖工作的持续时间时，应根据总的土方开挖量、土方开挖方法、挖掘机配备的数量等进行确定。

第二，施工准备工作通常包括技术准备、现场准备和资金准备。其中技术准备工作主要包括施工所需技术资料的准备、施工方案编制及审批、熟悉图纸等。现场准备工作主要包括现场生产、生活等临时设施搭建，现场测量定位，材料、构配件、人员、机具设备等进场准备。现场准备工作的持续时间应根据具体工作内容确定，一般可安排 3～7 天时间，太短则无法做好充足准备，太长则影响后续各项工作的实施。

第三，土方回填工作不能紧邻土方开挖工作之后安排，而应在基础工程施工工作完毕且要在其混凝土及砌体强度达到规定强度以后才能开展。回填时应分层夯实，工期安排不宜过短。

第四，主体框架结构可进一步细分为模板工程、钢筋工程、混凝土工程，通常以层为基本单位进行安排。应根据每层或各施工段的规模、工程量等确定持续时间，最快的可以 3 天完成一层（此种情况下需投入大量周转材料及人力，除非需要抢工期，否则正常情况下一般不宜采用），一般情况下 7～10 天可以完成一层，面积大的则需要十几天甚至更长的时间才能完成一层。各层完成后应留出技术间歇，使梁、板混凝土强度达到施工强度要求后陆续进行二层、三层乃至屋面层的施工。

第五,砌体工程可以在主体框架结构的混凝土强度达到设计强度之后穿插进行施工,当工期要求不紧时也可以待全部楼层框架结构完成后再施工。当砌体工程与主体框架结构穿插施工时,假定每层框架结构工期为7天,则第5层框架施工的时候,即可穿插进行第1层砌体的施工,并依次向上完成各层的砌筑。同时还应兼顾每层砌筑所需的作业时间,砌筑工作一旦开始应尽可能保证其连续进行,中间不要出现间歇,否则会产生窝工而降低工效。

第六,屋面防水、保温工程需在屋面混凝土强度达到设计强度后再进行施工,二者之间也应留有技术间歇。

第七,装饰工程的施工顺序可以先进行顶棚施工,再进行墙柱面施工,最后进行楼地面施工,也可以反过来先进行楼地面施工,再进行墙柱面施工,最后进行顶棚施工。具体工序安排应根据现场作业面及工期要求来确定,较为普遍的做法是采用第一种施工顺序,采用第二种施工顺序时需要做好现场成品的保护工作。

第八,抹灰工程可在砌筑工程的砂浆强度达到设计强度后开始施工。

第九,门窗框安装工程可安排在抹灰工程开始之前,二者也可以交叉进行,玻璃安装工程通常在内外墙墙面施工完成或接近尾声时再进行。在进行门窗工程施工进度计划安排时,若仅列一个分项工程,因起始时间中有一段时间没有实际工作而显得总工期偏长;若将其分为门窗框、扇安装及玻璃安装两个分项工程,总工期将更能反映实际情况。

第十,水电施工一般不再详细划分,可在整体工程开工一段时间后开始,一直持续到竣工验收之前。

第十一,应在工程竣工验收前留出一段时间进行零星收尾工作,同时进行工程竣工验收前的自检、整改等工作。

2. 施工进度计划保证措施编制

为了使施工进度计划中各工序的工作计划能够顺利实施,保证总目标的实现,除了编制一份合理的施工进度计划外,投标人或施工单位还应制订施工进度计划保证措施,主要包括以下几个方面。

(1)建立进度管理组织机构,明确职责

进度管理组织机构是实现进度计划的组织保证,因此投标人或施工单位应建立专门的进度管理组织机构,确定责任人及相关人员的主要职责。

(2)制定进度管理制度及动态管理制度

投标人或施工单位应制定完善的进度管理制度,包括施工过程中对进度进行管理的动态制度。当实际进度与计划进度出现偏差的情况发生时,应及时进行偏差产生的原因分析,调整进度计划,对关键工期进行重新计算,并制定赶工措施。

(3)编制进度管理措施

针对不同施工阶段的特点,投标人或施工单位应制定包括施工组织措施、技术措施等在内的进度管理措施,及时编制材料、构配件及半成品的采购计划并提前进场,提出人员需求计划并提前到位,配备相应的施工用具、器具,完成施工方案、进度计划等的提前编制和审批工作。

(4)制定外部环境协调措施

项目周边环境是影响施工进度的重要因素之一,其不可控性较大。投标人或施工单位必须重视外部环境给施工进度带来的影响,应采取相应的协调措施以降低外部因素对施工进度产生的不利影响。

### (四)施工方法及质量保证措施编制

#### 1.施工方法编制

施工方法是施工组织设计的核心内容,包括工程施工期间所采用的技术方案、工艺流程、组织措施、检验手段等。在每个建设工程的施工过程中都可以采用若干种不同的施工方法,选用不同的施工工艺、施工机械。在确定施工方法时,应对多个可行的施工方法进行分析比较,从中选择一套先进的、合理的施工方法。

制定施工方法应遵循的基本原则:施工方法的技术先进性与经济合理性相统一;兼顾施工机械的适用性和多用性,尽可能充分发挥施工机械的使用效率;充分考虑施工单位的技术特点、技术水平、劳动组织形式、施工习惯及可利用的现有资源等。

制定施工方法是为了技术和资源准备工作的开展，同时也为了施工进程的顺利开展和现场的合理布置，它直接影响施工进度、质量、安全及工程成本。制定施工方法时应遵循先进性、可行性和经济性兼顾的原则，结合工程的具体情况、工程特点以及施工单位的技术管理水平、设备条件、施工工艺等具体情况。

施工方法通常以分部分项工程为基本单位进行编制，主要包括土方、模板、钢筋、混凝土、脚手架、砌筑、抹灰、防水、保温、楼地面、油漆、涂料、门窗、水电等工程。对于其中按常规做法能够完成或大家都比较熟悉的分部分项工程，可适当简单地编制施工方法，只要提出需注意的特殊要点的解决措施即可。对于工程量大且对工程质量起关键作用的分部分项工程，或者施工技术比较复杂、施工难度比较大或采用新技术、新工艺、新材料、新设备的分部分项工程，或者施工人员不太熟悉或专业性很强的特殊专业工程等应详细地编制施工方法。

2.施工质量保证措施编制

施工质量保证措施是保证分部分项工程的施工质量符合要求，并保证施工工期目标顺利实现的重要措施，施工质量保证措施应包括以下主要内容。

第一，确定具体的项目质量目标，应按照招标文件中的要求确定质量目标，不得低于招标文件或合同明示的要求。质量目标应尽可能量化，并将目标层层分解到分部分项工程。

第二，建立项目质量管理的组织机构并明确职责，应明确质量管理组织机构中各重要岗位的职责，与质量有关的各岗位人员应具备与职责要求相匹配的相应知识、能力和经验。

第三，制定符合项目特点的技术保障和资源保障措施，通过可靠的预防控制措施保证质量目标的实现。它主要包括对原材料、构配件、机具的质量要求，主要的施工工艺、质量标准和检验方法，重点工序质量保证措施，成品、半成品的保护措施等。

第四，建立工程质量检查、验收等相关制度，对质量的检查和验收标准作出规定，采取有效的纠正和预防措施，保证各工序的质量，同时对质量事故的处理也应进行规定。

(五)安全生产、文明施工及环境管理措施编制

1. 安全生产措施编制

安全生产是保证总工期目标顺利实现的重要条件，投标人或施工单位应针对项目的具体情况建立安全管理组织机构，制定相应的管理目标、管理制度、控制措施等以保证安全生产。安全生产措施的主要内容应包括以下几个方面。

(1)制定安全生产目标

①杜绝死亡、重伤事故为0；②杜绝机械设备重大事故为0；③杜绝土方塌方、安全行车事故为0；④轻伤事故率不超过3‰。

(2)建立安全生产管理组织机构并明确职责

工程项目建立以各管理人员共同组成的安全保证体系，并明确各级人员职责。例如，某工程建立了以项目经理为首，由项目副经理、技术负责人、各职能部门、劳务队伍、分包队伍及管理人员共同组成的安全保证体系，并明确了各级人员的职责。

(3)制定安全生产管理制度、职工安全教育培训制度

坚持工人入场教育，坚持每周召开一次全体施工人员安全教育大会和每天分组进行班前教育安全会议等。

(4)制定现场安全检查制度

每周组织相关人员对现场进行不少于一次的安全隐患检查，发现问题立即下发整改通知单，待整改合格后方可进行正常施工，对于日常检查所发现的危及安全的情况应及时采取措施。

(5)确定危险源

确定项目的重要危险源，针对高处坠落、机械伤害、物体打击、坍塌倒塌、火灾爆炸、触电、窒息中毒这七类建筑施工易发事故制定相应的安全技术措施。例如，临边部位均设置防护栏杆，洞口加盖板，高耸物体安装避雷接地装置，易燃、易爆物品专门存放管理，消防器材设备经常检查等。

2.文明施工措施编制

投标人或施工单位应针对项目的具体情况建立文明施工管理组织机构,制定相应的管理目标、管理制度、控制措施等。例如,某工程确定的文明施工目标是确保文明施工达标,争取创建市级双优工地,为达到这一文明施工目标,该工程建立了以项目经理为领导,以项目副经理为文明施工管理工作实施的负责人,以各职能部门、劳务队伍、分包队伍及管理人员为共同组成成员的文明施工管理组织机构,并明确了相关职责。文明施工措施的主要内容包括以下几个方面。

(1)工地周边采用高度为2.3m的砖砌围墙,围墙外侧抹灰,刷白色防水油漆,保持围墙整洁、美观。

(2)现场临时大门设门柱,使用钢制密闭大门,力求美观、庄重,喷刷公司名称等。

(3)施工现场设“七牌一图”,包括工程项目简介及质监举报电话牌、工程项目负责人牌、安全生产制度牌、消防保卫制度牌、环境保护制度牌、工程创优牌、文明施工牌及工地施工平面布置图。这些工程标牌应设置在工地主要出入口处,并标明项目名称、开竣工日期、施工许可证号、建设单位和施工单位名称及联系电话等。

(4)现场浇筑150mm厚强度等级为C20的砼路面,不得有裸露地面。

(5)现场设排水设施,保证排水系统通畅,及时排走积水。生活及其他污水、废水均需处理后方可排入市政管网。

(6)设置专用房,加设隔音装置,减小发电机、空压机、木工锯机等产生的噪声。

(7)工地食堂符合卫生标准,设置生食、熟食操作间,申领卫生许可证。此外,茶水桶需有盖、加锁。

(8)对可能有粉尘飞扬的作业场地应采取封闭作业,避免影响空气质量。

(9)实现现场绿化,确保场内美观、整洁。

3.环境管理措施编制

施工现场环境管理越来越受到建设单位和社会各界的重视,同时各地方政府也不断出台新的环境监管措施，因此，环境管理措施已成为施工组织设计的重要组成部分。施工单位应根据工程特点制定相应的管理目标、控制措施，以保持施工现场场容、场貌的整洁，控制现场粉尘、废气、废水等对环境的污染，控制施工噪声，避免或减轻扰民等。例如，在现场大门处设置沉淀池，出场的车辆经过冲洗后方可驶离施工现场，从而避免将杂物、尘土、泥浆等带到场外；运输渣土、垃圾的车辆实行封闭、覆盖管理，避免洒落；专人负责现场道路及大门出入口处的清扫工作，并经常洒水，防止扬尘；现场内的道路均须压实，铺设砼硬化路面，防止雨天产生泥浆污染环境；设置垃圾站，定期清理垃圾；建筑物需满挂细目安全网，避免粉尘飞扬等。

### （六）项目管理组织机构编制

施工单位应明确项目管理组织机构形式，并采用框图的形式表示。项目管理组织机构形式应根据施工项目的规模、复杂程度、专业特点、人员素质及地域范围来确定，大、中型项目宜设置事业部式项目管理组织机构，小型项目宜设置直线职能式项目管理组织机构。此外，应根据项目管理组织机构形式确定项目部的工作岗位设置及职责划分。

### （七）资源配置计划编制

资源配置计划主要包括劳动力配置计划、施工机械设备配置计划、主要工程材料、设备和周转材料配置计划。它可用于确定施工过程中的临时设施，便于施工单位按照施工的先后顺序组织材料的采购、运输及现场堆放以及调配劳动力和大型设备的进、退场，以确保施工按计划顺利进行。

#### 1. 劳动力配置计划编制

合理的劳动力配置计划可减少劳务作业人员不必要的进、退场，避免窝工现象，进而节约施工成本。劳动力配置计划应根据施工进度计划、各工程项目工程量、消耗量定额或有关资料确定。施工单位应根据施工进度计划确定各施工阶段劳动力配置计划，劳动力配置计划一般采用图表形式，表格横向表示施工阶段（如可分为基础施工、主体施工、装饰装修施工三个主要阶段）或施工日期（可以旬、半月、月、季或年等为划分单位），表格纵向表示不同专业工种（如木工、瓦工、脚手架工、油漆工、钢筋工等),各阶段所需的工人人数则列于表格内。

2.施工机械设备配置计划编制

施工机械设备配置计划应根据施工部署、施工方法及各项保证措施等确定,该配置计划中应包括机械名称、型号规格、数量、国别产地、制造年份等。

3.主要工程材料、设备和周转材料配置计划编制

主要工程材料、设备和周转材料配置计划是组织建筑工程施工所需的各种物资进、退场的依据,科学合理的物资配置计划既可保证工程建设的顺利进行,又可降低工程成本。主要工程材料、设备和周转材料配置计划应根据工程施工部署、施工进度计划确定,包括各施工阶段所需的主要工程材料、设备和周转材料的名称、规格、数量,且周转材料需说明计划进、退场时间。

(八)关键施工技术、工艺编制

工程的重点和难点对于不同工程和不同企业具有一定的相对性,具体编制关键施工技术、工艺时应着重考虑工程量大、施工技术复杂或对工程质量起关键作用的分部分项工程。

目前,典型的关键施工技术、工艺及项目实施的重点、难点内容主要包括:深基坑工程;滑模、爬模、飞模的搭设;搭设高度 50m 以上落地式钢管脚手架工程,提升高度 150m 以上附着式整体提升脚手架工程,架体高度 20m 以上悬挑式脚手架工程;开挖深度超过 16m 的人工挖孔桩工程;大体积混凝土工程等。

在施工组织设计中应对工程存在的上述关键施工技术、工艺及项目实施的重点、难点工程编制有针对性的施工方法、措施,保证工程进度、质量及安全目标的实现。对于简单的或常规的工程,当不存在上述内容时也可以分析哪些部位、哪些工序容易出现质量通病以及可采取什么样的相应措施。

# 第四章 开标、评标及定标和授标

## 第一节 开标

开标就是招标人在招标文件规定的时间和地点开启投标人提交的投标文件,公开宣布投标人的名称、投标价格和投标文件中的其他主要内容。开标方式一般有三种:一是公开开标,即通知所有的投标人参加揭标仪式,其他愿意参加者也不限制,当众公开开标。二是有限开标,即邀请所有的投标人或有关人员参加仪式,其他无关人员不得参加开标会议。三是秘密开标,只有组织招标的成员参加开标,不允许投标人参加开标,然后只将开标的名次结果通知投标人,不公开报价。采用何种开标方式应由招标机构和评标小组决定。

### 一、开标的条件

投标截止日后,招标人应在投标有效期内开标、评标和授予合同。开标应当在招标文件确定的提交投标文件截止时间的同一时间公开进行;开标地点应当为招标文件中预先确定的地点。已建立建设工程交易中心的地方,开标应在建设工程交易中心进行。若变更开标日期和地点,应提前三天通知投标企业和有关单位。投标人少于 3 个的,不得开标,招标人应当重新招标。

开标由招标单位或其委托的招标代理机构主持,并邀请所有投标单位的法定代表人或其代理人参加,也可以邀请公证机关代表和上级主管部门参加。主持人按照规定的程序负责开标的全过程,建设行政主管部门和工程招投标监督机构依法实施监督,开标会议可邀请公证部门对开标全过程进行公证。开标过程应当记录,并存档备查。

投标人对开标有异议的,应当在开标现场提出,招标人应当场做出答复,并进行记录。投标人若未派法定代表人或委托代理人出席开标活动,或未在开标记录上签字,视为该投标人默认开标结果。

## 二、开标程序

### (一)一般程序

开标程序的一般程序包括:宣布开标纪律;公布在投标截止时间前递交投标文件的投标人名称,并点名确认投标人是否派人到场;宣布开标人、唱标人、记录人、监标人等有关人员姓名;按照投标人须知前附表的规定检查投标文件的密封情况;按照投标人须知前附表的规定确定并宣布投标文件开标顺序;设有标底的,公布标底;按照宣布的开标顺序当众开标,公布投标人名称、投标保证金的递交情况、投标报价、质量目标、工期及其他内容,并记录在案;规定最高投标限价计算方法的,计算并公布最高投标限价;投标人代表、招标人代表、监标人、记录人等有关人员在开标记录上签字确认;开标结束。

若采用双信封形式,第一信封(商务及技术文件)的开标程序与上述的一般程序相同。投标文件第二信封(报价清单)不予开封,并交监标人密封保存,招标人将按照规定的时间和地点对投标文件第二信封(报价清单)进行开标。第二信封(报价清单)开标过程中,若招标人发现投标人未在报价清单汇总表上填写投标总价,招标人应如实记录并经监标人签字确认后提交给评标委员会。

若招标人宣读的内容与投标文件不符,投标人有权在开标现场提出异议,经监标人当场核查确认之后,可重新宣读其投标文件。若投标人现场未提出异议,则认为投标人已默认招标人宣读的内容。

### (二)密封情况检查

由投标人或其推选的代表检查投标文件的密封情况;招标人委托公证机关的,可由公证机关检查并公证。投标文件如果没有密封或发现曾被打开过的痕迹,应被认定为无效的投标,不予宣读。一般情况下,投标文件是以书面形式,加具签字并装入密封信袋内提交的。所以,无论是邮寄还是直接送达开标地点,所有投标文件都应该是密封的。检查密封情况就是为了防止投标文件在未密封的状况下失密,从而导致相互串标、更改投标报价等违法行为的发生。招标人在招标文件要求提交投标文件的截止时间前收到的所有投标文件(形式上合格的投标文件),开标时都应当当众予以拆封宣读。投标文件的密封性经确认无误后,按照招标文件规定的开标顺序进行开标,如按标书送达时间或以抽签方式等。

(三)开标记录

开标记录一般应记载案号(有案号的)、招标项目的名称及数量摘要、投标人的名称、投标报价、开标日期、其他必要的事项等内容,并由主持人和其他有关人员签字确认。

## 三、废标情况

(一)废标的概念和特点

废标一般是评标委员会履行职责过程中,对投标文件依法做出的取消其中标资格、不再予以评审的处理决定。废标有三个特点:除非法律有特别规定,废标是评标委员会依法做出的处理决定;废标应符合法定条件;被作为废标处理的投标,不再参加投标文件的评审,也完全丧失了中标的机会。

(二)废标的规定

第一,投标人或其投标文件有下列情形之一的,其投标作为废标处理。为招标人不具有独立法人资格的附属机构(单位);为本标段前期准备提供设计或咨询服务的,但设计施工总承包的除外;为本标段的监理人;为本标段的代建人;为本标段提供招标代理服务的;与本标段的监理人或代建人或招标代理机构同为一个法定代表人的;与本标段的监理人或代建人或招标代理机构相互控股或参股的;与本标段的监理人或代建人或招标代理机构相互任职或工作的;被责令停业的;被暂停或取消投标资格的；财产被接管或冻结的；在最近三年内有骗取中标或严重违约或重大工程质量问题的。

第二，有串通投标或弄虚作假或有其他违法行为的。

第三，不按评标委员会要求澄清、说明或补正的。

第四，在形式评审、资格评审（适用于未进行资格预审的）、响应性评审中，评标委员会认定投标人的投标文件不符合评标办法前附表中规定的任何一项评审标准的。

第五，当投标人资格预审申请文件的内容发生重大变化时，其在投标文件中更新的资料未能通过资格评审的（适用于已进行资格预审的）。

第六，投标报价文件（投标函除外）未经有资格的工程造价专业人员签字并加盖执业专用章的。

第七，在施工组织设计和项目管理机构评审中，评标委员会认定投标人的投标未能通过此项评审的。

第八，评标委员会认定投标人以低于成本报价竞标的。

第九，投标人未按"投标人须知"的规定出席开标会的。

# 第二节　评标

开标后进入评标阶段。评标即按照招标文件事先确定的时间和地点，由评标委员会对投标文件按照招标文件规定的标准和方法进行评比，最后选出中标候选人或中标人。评标是招投标活动的重要环节，是招标能否成功的关键，是确定最佳中标人的必要前提。

## 一、评标委员会的组建与要求

### （一）评标委员会的组建

评标由招标人依法组建的评标委员会负责。评标委员会成员名单在中标结果确定前应当保密。依法必须进行招标的项目，其评标委员会的成员由招标人的代表或其委托的招标代理机构熟悉有相关业务的代表以及相关的技术、经济等方面的专家组成，成员人数为5人以上的单数，其中技术、经济等方面的专家不得少于成员总数的2/3。

依法必须进行招标的项目，为防止招标人在选定评标专家时的主观随意性，评标委员会的专家成员应当从评标专家库内相关专业的专家名单中确定。确定评标专家可以采取随机抽取或者直接确定的方式，一般项目应采取随机抽取的方式；技术特别复杂、专业性要求特别高或者国家有特殊要求的招标项目，采取随机抽取方式确定的专家难以胜任的，可以由招标人直接确定。任何单位和个人不得以明示、暗示等任何方式指定或者变相指定参加评标委员会的专家成员。

有关行政监督部门应当按照规定的职责分工，对评标委员会成员的确定方式、评标专家的抽取过程和评标活动进行监督，行政监督部门的工作人员不得担任本部门负责监督项目的评标委员会成员。

招标人应当根据项目规模和技术复杂程度等因素合理确定评标时间，超过1/3的评标委员会成员认为评标时间不够的，招标人应当将评标时间适当延长。

评标过程中，评标委员会成员因各种原因不能继续评标的，应当及时更换。被更换的评标委员会成员做出的评审结论无效，由更换后的评标委员会成员重新进行评审。

### (二)评标专家的要求

评标专家应符合三个条件：从事相关专业领域工作满八年并具有高级职称或者同等专业水平；熟悉有关招标投标的法律法规，并具有与招标项目相关的实践经验；能够认真、公正、诚实、廉洁地履行职责。

有下列情形之一的，不得担任评标委员会成员：投标人或者投标人主要负责人的近亲属；项目主管部门或者行政监督部门的人员；与投标人有经济利益关系，可能影响对投标公正评审的；曾因在招标、评标以及其他与招标投标有关活动中从事违法行为而受过行政处分或刑事处罚的。

## 二、评标原则

(一)公平原则

公平原则是指评标委员会要严格按照招标文件规定的要求和条件，对投标文件进行评审时，对所有投标人一视同仁，无歧视、无差别地对待所有投标人，保证投标人在平等的基础上竞争。

(二)公正原则

公正原则是指评标委员会成员具有公正之心，评标客观全面，一把尺子、一套标准，不倾向或排斥某一特定的投标。

(三)科学原则

科学原则是指评标工作要依据科学的方案，运用科学的手段，采取科学的方法，对每个项目的评价要有可靠的依据，只有这样才能做出科学合理的综合评价。

(四)择优原则

择优原则就是用科学的方法、科学的手段，从众多投标文件中选择最佳的方案。评标时，评标委员会应全面分析、审查、澄清、评价和比较投标文件，防止重价格、轻技术，重技术、轻价格的现象，对商务和技术不可偏一，要综合考虑。

另外，评标过程中还应注意保密原则且保证评标过程和结果不受外界干扰。评标应该在封闭状态下进行，评标委员会不得与外界有任何接触，有关检查、评审和授标的建议等情况均不得向投标人透露。

## 三、评标程序

施工招标、货物采购与服务招标的评标程序略有不同，评标活动将按以下五个步骤进行：评标准备；初步评审；详细评审；澄清、说明或补正；推荐中标候选人或者直接确定中标人及提交评标报告。

(一)评标准备

第一，评标委员会成员签到。评标委员会成员到达评标现场时应在签到表上签到以证明其出席。

第二,评标委员会的分工。评标委员会首先推选一名评标委员会主任,招标人也可以直接指定评标委员会主任。评标委员会主任负责评标活动的组织领导工作。评标委员会主任在与其他评标委员会成员协商的基础上,可以将评标委员会划分为技术组和商务组。

第三,评标委员会成员应当编制提供评标使用的相应表格,认真研究招标文件,至少应了解和熟悉的内容包括:招标的目标;招标项目的范围和性质;招标文件中规定的主要技术要求、标准和商务条款;招标文件规定的评标标准、评标方法和在评标过程中考虑的相关因素。

第四,招标人或招标代理机构应向评标委员会提供评标所需的重要信息和数据,但不得明示或者暗示其倾向或者排斥特定投标人。

第五,评标委员会应当根据招标文件规定的评标标准和方法,对投标文件进行系统的评审和比较。招标文件中没有规定的标准和方法不得作为评标的依据。招标文件中规定的评标标准和评标方法应当合理,不得含有倾向或者排斥潜在投标人的内容,不得妨碍或者限制投标人之间的竞争。

第六,评标委员会应当按照投标报价的高低或者招标文件规定的其他方法对投标文件排序。

以多种货币报价的,应当按照中国银行在开标日公布的汇率中间价换算成人民币。

招标文件应当对汇率标准和汇率风险进行规定。未做规定的,汇率风险由投标人承担。

第七,对投标文件进行基础性数据分析和整理工作,在不改变投标人投标文件实质性内容的前提下,评标委员会应当对投标文件进行基础性数据分析和整理(简称为“清标”),从而发现并提取其中可能存在的对招标范围理解的偏差、投标报价的算术性错误、错漏项、投标报价构成不合理、不平衡报价等明显异常的问题,并就这些问题整理形成清标成果。评标委员会对清标成果审议后,决定需要投标人进行书面澄清、说明或补正的问题，形成质疑问卷，向投标人发出问题澄清通知(包括质疑问卷)。

在不影响评标委员会成员的法定权利的前提下，评标委员会可委托由招标人专门成立的清标工作小组完成清标工作。在这种情况下，清标工作可以在评标工作开始之前完成，也可以与评标工作平行进行。清标工作小组成员应为具备相应执业资格的专业人员，且应当符合有关法律法规对评标专家的回避规定和要求，不得与任何投标人有利益、上下级等关系，不得代行依法应当由评标委员会及其成员行使的权利。清标成果应当经过评标委员会的审核确认，经过评标委员会审核确认的清标成果视同评标委员会的工作成果，并由评标委员会以书面方式追加对清标工作小组的授权，书面授权委托书必须由评标委员会全体成员签名。

第八，评标委员会可以以书面的方式要求投标人对投标文件中含义不明确、对同类问题表述不一致或者有明显文字和计算错误的内容做必要的澄清、说明或者纠正。澄清、说明或者纠正应以书面方式进行，并不得超出投标文件的范围或者改变投标文件的实质性内容。招标文件中的大写金额和小写金额不一致的，以大写金额为准；文字与数字不一致的，以文字为准；总价金额与单价金额不一致的，以单价金额为准，但单价金额小数点有明显错误的除外；对不同文字文体投标文件的解释发生异议的，以主导语言文本为准。评标委员会不得暗示或者诱导投标人做出澄清、说明，不得接受投标人主动提出的澄清、说明。

投标人接到评标委员会发出的问题澄清通知后，应按评标委员会的要求提供书面澄清资料并按要求进行密封，在规定的时间递交到指定地点。投标人递交的书面澄清资料由评标委员会开启。

评标委员会应当书面要求存在细微偏差的投标人在评标结束前予以补正。拒不补正的，评标委员会在详细评审时可以对细微偏差做不利于该投标人的量化，量化标准应当在招标文件中规定。

(二)初步评审

初步评审主要审查投标人资格、投标保证的有效性、投标文件的完整性、代理人的法律地位的有效性、有无实质性内容的偏离、有无重大偏差、有无借用他人名义、有无串标等。有一项不符合初步评审标准的标书均按废标处理。

初步评审标准有形式评审标准、资格评审标准、响应性评审标准、施工组织设计和项目管理机构评审标准。

1.形式评审标准

形式评审标准主要包括投标人名称、投标函签字盖章、联合体投标人和报价唯一等。

投标人名称与营业执照、资质证书、安全生产许可证一致;投标函签字盖章,有法定代表人或其委托代理人签字并加盖单位章;联合体投标人(如有),提交联合体协议书,并明确联合体牵头人;报价唯一,只能有一个有效报价。

2.资格评审标准

资格评审标准主要有营业执照、安全生产许可证、资质等级、财务状况、类似项目业绩、信誉、项目经理、联合体投标人和其他要求。

一是营业执照,即具备有效的营业执照;二是安全生产许可证,即具备有效的安全生产许可证;三是资质等级、财务状况、类似项目业绩、信誉、项目经理、其他要求和联合体投标人(如有)应符合"投标人须知"的有关规定。

资格评审主要是要求投标人应具备本标段施工的资质条件、能力和信誉。其中联合体投标人除了要符合"投标人须知"的有关规定外,还应遵守以下规定。

(1)联合体各方应按招标文件提供的格式签订联合体协议书,明确联合体牵头人和各方的权利义务。

(2)由同一专业的单位组成的联合体,按照资质等级较低的单位确定资质等级。

(3)联合体各方不得再以自己的名义单独或参加其他联合体在同一标段中投标,当投标人资格预审申请文件的内容发生重大变化时,评标委员会依据资格预审文件中规定的标准和方法,对照投标人在资格预审阶段递交的资格预审文件中的资料以及在投标文件中更新的资料,对其更新的资料进行评审(适用于已进行资格预审的)。

3. 响应性评审标准

响应性评审标准主要包括投标内容、工期、工程质量、投标有效期、投标保证金、权利义务、已标价的工程量清单、技术标准和要求、分包计划和投标价格等。

投标内容、工期、工程质量、投标有效期、投标保证金和分包计划应符合“投标人须知”的有关规定；权利义务符合“合同条款及格式”规定；已标价的工程量清单符合“工程量清单”给出的子目编码、子目名称、子目特征、计量单位和工程量；投标价格可以用拦标价或招标控制价来控制。

评标委员会根据评标办法前附表中规定的评审因素和评审标准，对投标人的投标文件进行响应性评审，并记录评审结果。

投标人投标价格不得超出（不含等于）“投标人须知”前附表规定计算的“拦标价”或“招标控制价”，凡投标人的投标价格超出“拦标价”或“招标控制价”的，该投标人的投标文件不能通过响应性评审（适用于设立拦标价或招标控制价的情形）。

4. 施工组织设计和项目管理机构评审标准

施工组织设计评审的内容主要包括施工方案与技术措施、质量管理体系与措施、安全管理体系与措施、环境保护管理体系与措施、工程进度计划与措施、资源配备计划、技术负责人、施工设备和试验、检测仪器设备、内容完整性和编制水平等。项目管理机构评审标准主要包括项目经理资格与业绩、技术负责人资格与业绩和其他主要人员等。

（三）详细评审

通过初步评审的标书才能进入详细评审。因为采购项目不同，详细评审的标准也不尽相同。一般而言，详细评审的标准主要包括合同条件审查标准、技术评估标准和商务评估标准。

1. 合同条件审查标准

合同条件按这六个方面进行：投标人接受招标文件的风险划分原则；投标人未增加业主的责任范围，也未减少投标人的义务；投标人未提出不同的工程验收、计量支付办法；投标人未对合同纠纷、事故处理办法提出异议；投标人在投标活动中没有欺诈行为；投标人对合同条款没有重大的变动等。

2. 技术评估标准

技术评估的目的是确认和比较投标人完成本工程的技术能力以及他们的施工方案的可靠性。技术评估的主要内容包括以下几个方面。

(1)技术文件及说明的响应性

投标文件是否包括了招标文件要求提交的各项技术文件，是否同招标文件中的技术说明或图纸一致。

(2)分包商的技术能力和施工经验

如果投标人拟在中标后将中标项目的部分工作分包给他人完成，应当在投标文件中载明。应审查拟分包的工作必须是非主体、非关键性工作；审查分包人应当具备的资格条件，完成相应工作的能力和经验。

(3)对投标文件中按照招标文件规定提交的建议方案的技术评审

如果招标文件中规定可以提交建议方案，则应对投标文件中的建议方案的技术可能性与优缺点进行评估，并与原招标方案进行对比分析。

3. 商务评估标准

商务评估的目的是从工程成本、财务和经验分析等方面评审投标报价的准确性、合理性、经济效益和风险以及保函接受情况、财务实力、资信程度、财务和付款方面建议的合理性等。商务评估在整个评标工作中通常占有重要地位。从工程成本、财务和经验等方面分析，主要考虑内容分为以下几个方面。

(1)分析报价构成的合理性

通过分析工程报价中的直接费、间接费、利润和其他费用的比例关系及主体工程各专业工程的比例关系等，判断报价是否合理。如有标底，用标底与投标书中的各项内容进行对比分析，对差异较大之处找出原因，并评定是否合理。

(2)分析前期工程价格提高的幅度

虽然投标人为了解决前期施工中资金流通的困难,可以采用不平衡报价法投标,但不允许有严重的不平衡报价。过大地提高前期工程的支付要求,会影响项目的资金筹措计划。

(3)分析标书中所附资金流量表的合理性

它包括审查各阶段的资金需求计划是否与施工进度计划相一致,对预付款的要求是否合理,调价时取用的基价和调价系数是否合理等。

(四)澄清、说明或补正

1.投标人对投标文件的澄清或说明

提交投标文件的时间截止以后,投标文件就不得被补充、修改,这是招标投标的基本规定。但评标时,若发现投标文件的内容有含义不明确、不一致或者明显打字(书写)错误或纯属计算上的错误的情形,评标委员会则应通知投标人做出澄清或说明,以确认其正确的内容。对明显的打字(书写)错误或纯属计算上的错误,评标委员会应允许投标人补正。澄清的要求和投标人的答复均应采取书面的形式。投标人的答复必须经法定代表人或授权代理人签字,作为投标文件的组成部分。

如果需要澄清的投标文件较多,则可以召开澄清会。澄清会应当在招标投标管理机构的监督下进行,在澄清会上由评标委员会分别单独对投标人进行质询,先以口头形式询问并解答,随后在规定的时间内投标人以书面形式予以确认,做出正式书面答复。

另外,投标人借澄清的机会提出的任何修正声明或优惠条件不得作为评标定标的依据,投标人也不得借澄清机会提出招标文件内容之外的附加要求。

2.禁止招标人与投标人进行实质性内容的谈判

在确定中标人前,招标人不得与投标人就投标价格、投标方案等实质性内容进行谈判。招标人利用一个投标人提交的投标对另一个投标人施加压力,迫使其降价或使其他方面变为更有利的投标。许多投标人都避免参加采用这种方法的投标，即使参加，他们也会在谈判过程中提高其投标报价或把不利合同条款变为有利合同条款等。另外，招标人和中标人订立书面合同后，也不得再行订立背离合同实质性内容的其他协议。

(五)推荐中标候选人或者直接确定中标人及提交评标报告

评标完成后，评标委员会应当向招标人提交书面评标报告和中标候选人名单。中标候选人应当不超过3个，并标明排序。评标报告应当由评标委员会全体成员签字。对评标结果有不同意见的评标委员会成员应当以书面形式说明其不同意见和理由，评标报告应当注明该不同意见。

评标委员会成员拒绝在评标报告上签字又不书面说明其不同意见和理由的，视为同意评标结果。

依法必须进行招标的项目，招标人应当自收到评标报告之日起3日内公示中标候选人，公示期不得少于3日。

投标人或者其他利害关系人对依法必须进行招标的项目的评标结果有异议的，应当在中标候选人公示期间提出。招标人应当自收到异议之日起3日内做出答复；做出答复前，应当暂停招标投标活动。

## 四、评标方法

评标方法的科学性对于实施平等的竞争、公正合理地选择中标人是极端重要的。货物和服务采购的评标方法主要有最低评标价法、综合评分法、性价比法、经评审的最低投标价法和打分法等。而建设施工的评标方法较多，主要有经评审的最低投标价法、综合评估法、模糊综合评价法、层次分析法、人工神经网络法、熵权决策法、双信封法、两阶段评标法或者法律、法规允许的其他评标方法。具体的评标方法由招标单位决定，并在招标文件中注明，在此仅介绍几种现行常用的评标方法。

(一)最低评标价法

应用这种评标办法时，应在招标文件中规定明确的评标依据。评标依据除构成废标的重要商务和重要技术条款(参数)外，还应包括一般商务和技术条款(参数)中允许偏离的最大范围、最高项数，以及在允许偏离范围和条款数内进行评标价格调整的计算方法。适用最低评标价法进行评标的前提条件是投标人全部满足招标文件的实质性要求。再根据招标文件规定的价格要素评定出各投标人的“评标价”。再剔除低于成本的报价和明显不合理的报价,以提出“最低评标价”的投标人作为中标候选人。

投标人应响应招标文件中商务、技术等要求情况调整评标价。投标响应高于标准的,不考虑降低评标价;低于招标文件要求的,每偏离招标文件要求一项,其评标价将在投标价的基础上增加招标文件中规定比例(一般为1%)。

评标委员会按评标价由低到高顺序对投标文件进行初步评审和详细评审,推荐通过初步评审和详细评审且评标价最低的前三个投标人为中标候选人。若评标委员会发现投标人的评标价或主要单项工程报价明显低于其他投标人报价或者在设有标底时明显低于标底(一般为15%以下),应要求该投标人做出书面说明并提供相关证明材料。如果投标人不能提供相关证明材料证明该报价能够按招标文件规定的质量标准和工期完成招标工程,评标委员会应当认定该投标人以低于成本价竞标,作为废标处理。

如果投标人提供了证明材料,评标委员会也没有充分的证据证明投标人低于成本价竞标,为减少招标人风险,招标人有权要求投标人增加履约保证金。一般在确定中标候选人之前,要求投标人做出书面承诺,在收到中标通知书14天内,按照招标文件规定的额度和方式提交履约担保。若投标人未做出书面承诺或虽承诺但未按规定的时间和额度提交履约担保,招标人可取消其中标资格或宣布其中标无效,并没收其投标担保。

最低评标法适用于我国对于技术简单且工程规模小的工程;世界银行、亚洲开发银行等国际金融组织贷款的项目也采用最低评标价法进行评标。最低评标价法的优点主要在于操作简单,目标明了,对招标、投标的导向性都比较强,特别有利于造价控制。

(二)经评审的最低投标价法

经评审的最低投标价法简称合理低标价法,是指能够满足招标文件的实质性要求,并经评审的投标价格最低(低于成本的除外)应推荐为中标人的方法。所谓最低投标价,是将报价以外的商务因素折算为价格,与报价一起计算,形成评标价,然后以此价格评定标书的次序,能够满足招标文件的实质性要求,评标价最低的投标人确定为中标候选人。

经评审的最低投标价法一般适用于具有通用技术、性能标准或对其技术、性能无特殊要求的招标项目。主要适用于施工招标和设备材料采购类招标,不适用于服务类招标。该办法的优点是能最大限度地降低工程造价,节约建设投资;有利于促使施工企业加强管理,规范市场行为。

经评审的最低投标价法一直以来都是FIDIC("国际咨询工程师联合会"的法文缩写)条款(FIDIC条款指FIDIC施工合同条件)和世界银行等国际金融组织贷款项目的首选评标方法。要求首先要实质性响应招标文件的要求,其次提供最低的经评审的最低投标价格的投标人,才能被推荐为中标候选人。

(三)综合评议(评估)法

综合评议法又称综合评估法,即对价格、施工方案(或施工组织设计)、项目经理的资质与业绩、质量、工期、企业信誉与业绩等因素进行综合评价加以确定中标人的评标定标方法,它是国内应用最广泛的评标方法。采用此方法时,需要先确定评审的因素。根据国内实践,一般采用标价、施工方案或施工组织设计、工程质量、工期、信誉和业绩等作为评审的因素。综合评议法依据其分析方法又分为定性综合评议法和定量综合评议法两种。

1.定性综合评议法

一般做法是评标小组对各投标书依据既定的评审因素,分项进行定性比较和综合评审。评议后可用记名或无记名投票表决方式确定各方面都优越的投标人为中标人。此法优点在于评标小组成员之间可直接对话与交流,交换意见和讨论比较深入,简便易行。但当小组成员之间评标意见差距过大时,定标较困难。

2. 定量综合评议法

定量综合评议法又称打分法，其做法是先在评标办法中确定若干评价因素，并确定各评价因素在百分之内所占的比例和评分标准。开标后每位评标小组成员采用无记名打分方式打分，最后统计各投标人的得分，总分最高者为中标候选人。有时最高得分与次高得分的总得分相差不大（如相差不到1.5或2.0分），且次高得分者的报价比最高得分者的报价低到一定程度时（如低2%以上），则可以选择次高得分者为中标候选人。根据国内实践，对于建设工程施工项目，不同评价因素的分值大致范围是：价格30～70分，工期0～10分，质量5～25分，施工方案5～20分，企业信誉和业绩5～20分。而对于建设监理招标项目，考虑的因素及其分值大致为：监理单位工作经验（经历）15～20分，人员素质及配备情况40～50分，监理方案及计划20～30分，监理单位的报价5～10分。

综合评估法的优点是定标过程所参照的因素比较综合，评标结果量化，说服力比较强。

3. 评标过程中其他需要注意的问题

(1)详细评审的程序

①施工组织设计评审和评分；评标委员会认定投标人的投标未能通过此项评审的作为废标处理。

②项目管理机构评审和评分；评标委员会认定投标人的投标未能通过此项评审的作为废标处理。

③投标报价评审和评分；对明显低于其他投标报价的投标报价，或者在设有标底时明显低于标底的投标报价，判断是否低于其个别成本。

④其他因素评审和评分。

⑤汇总评分结果。

(2)暗标评审的评审程序规定（适用于对施工组织设计进行暗标评审的）

如果投标人须知前附表要求对施工组织设计采用“暗标”评审方式且“投标文件格式”中对施工组织设计的编制有暗标要求，评标委员会需对施工组织设计进行暗标评审的，则评标委员会需将施工组织设计（暗标）评审提前到初步评审之前进行。在评标工作开始前，招标人将指定专人负责编制投标文件暗标编码，并就暗标编码与投标人的对应关系做好暗标记录。暗标编码按随机方式编制。在评标委员会全体成员均完成暗标部分评审并对评审结果进行汇总和签字确认后，招标人方可向评标委员会公布暗标记录，暗标记录公布前必须妥善保管并予以保密。施工组织设计评审结果封存后再进行形式评审、资格评审、响应性评审和项目管理机构评审，项目管理机构评审完成后再公开暗标编码与投标人名称之间的对应关系。

(四)双信封评标法

要求投标人将投标报价和工程量清单单独密封在一个报价信封中，其他商务和技术文件密封在另外一个信封中。在开标前，两个信封同时提交给招标人，评标程序包括以下内容。

第一，第一次开标时，招标人首先打开商务和技术文件信封，报价信封交监督机关或公证机关密封保存。

第二，评标委员会对商务和技术文件进行初步评审和详细评审：若采用合理低标价法或最低评标价法，评标委员会应确定通过和未通过商务和技术评审的投标人名单。若采用综合评估法，评标委员会应确定通过和未通过商务和技术评审的投标人名单，并对这些投标文件的技术部分进行打分。

第三，招标人向所有投标人发出通知，通知中写明第二次开标的时间和地点。招标人将在开标会上首先宣布通过商务和技术评审的名单并宣读其报价信封，对于未通过商务和技术评审的投标人，其报价信封将不予开封，当场退还给投标人。

第四，第二次开标后，评标委员会按照招标文件规定的评标办法进行评标，推荐中标候选人。

双信封评标法的优点主要是将投标人的技术综合能力作为第一考察因素，减少了人为的影响，消除了技术部分与商务部分的相互影响，更显公平。缺点是评标程序复杂，评标费用较高，由于是两次进行评标，需要两次邀请专家进行评标，费用增加。另外，评标时间也比较长，两次开标评标，中间还有时间间隔，比正常的评标时间要多一个月左右。

(五)性价比法

性价比法是指按照要求对投标文件进行评审后，计算出每个有效投标人除价格因素以外的其他各项评分因素(包括技术、财务状况、信誉、业绩、服务、对招标文件的响应程度等)的汇总得分，并除以该投标人的投标报价，以商数(评标总得分)最高的投标人为中标候选供应商或者中标供应商的评标方法。

## 五、评标注意事项

(一)评标无效

评标过程有下列情况之一的，评标无效，应当依法重新进行评标或者重新进行招标，有关行政监督部门可处以三万元以下的罚款。使用招标文件没有确定的评标标准和方法的；评标标准和方法含有倾向或者排斥投标人的内容，妨碍或者限制投标人之间的竞争，且影响评标结果的；应当回避的评标委员会成员参与了评标的；评标委员会的组建及人员组成不符合法定要求的；评标委员会及其成员在评标过程中有违法行为，且影响评标结果的。

(二)否决投标、重新招标和不再招标

1. 否决投标

通常情况下，招标文件中规定招标人可以废除所有的投标，但必须经评标委员会评审。评标委员会经评审，认为所有投标都不符合招标文件要求的，可以否决所有的投标。

废除所有的投标一般有两种情况：一是缺乏有效的竞争，如投标人不足 3 个；二是大部分或全部投标文件不被接受。

判断投标是否符合招标文件的要求，有两个标准：一是只有符合招标文件中全部条款、条件和规定的投标才是符合要求的投标；二是投标文件有些小偏差，但并没有根本上或实质上偏离招标文件载明的特点、条款、条件和规定，即对招标文件提出的实质性要求和条件做出了响应，仍可被看作是符合要求的投标。这两个标准，招标人在招标文件中应事先列明采用哪一个，并且对偏离尽量数量化，以便评标时加以考虑。

依法必须进行招标的项目所有投标被否决的，如果废标是因为缺乏竞争性，应考虑扩大招标广告的范围。如果废标是因为大部分或全部投标不符合招标文件的要求，则可以邀请原来通过资格预审的投标人提交新的投标文件。这里需要注意的是，招标人不得单纯为了获得最低价而废标。

2. 重新招标和不再招标

有下列情形之一的，招标人将重新招标：投标截止时间止，投标人少于 3 个的；经评标委员会评审后否决所有投标的。重新招标后投标人仍少于 3 个或者所有投标被否决的，属于必须审批或核准的工程建设项目，经原审批或核准部门批准后不再进行招标。

(三)评标活动特殊情况的处理

1. 评标活动暂停

评标委员会应当执行连续评标的原则，按评标办法中规定的程序、内容、方法、标准完成全部评标工作。只有发生不可抗力导致评标工作无法继续时，评标活动方可暂停。

发生评标暂停情况时，评标委员会应当封存全部投标文件和评标记录，待不可抗力的影响结束且具备继续评标的条件时，由原评标委员会继续评标。

2. 关于评标中途更换评标委员会成员

除非发生下列情况之一，评标委员会成员不得在评标中途更换。

(1)因不可抗拒的客观原因，不能到场或需在评标中途退出评标活动。

(2)根据法律法规规定，某个或某几个评标委员会成员需要回避。

(3)退出评标的评标委员会成员，其已完成的评标行为无效。由招标人根据本招标文件规定的评标委员会成员产生方式另行确定替代者进行评标。

3. 记名投票

在任何评标环节中，需评标委员会就某项定性的评审结论做出表决的，由评标委员会全体成员按照少数服从多数的原则，以记名投票方式表决。

## 六、评标报告的编制

评标工作结束后，评标委员会应当编制评标报告，提出中标单位建议，交给招标单位，并抄送行政监管部门审核。

(一)评标报告的内容和格式

评标委员会根据本章的规定向招标人提交评标报告。评标报告应当由全体评标委员会成员签字，并于评标结束时抄送有关行政监督部门。评标报告包括：基本情况和数据表；评标委员会成员名单；开标记录；符合要求的投标一览表；废标情况说明；评标标准、评标方法或者评标因素一览表；经评审的价格一览表(包括评标委员会在评标过程中所形成的所有记载评标结果、结论的表格、说明、记录等文件)；经评审的投标人排序；推荐的中标候选人名单(如果投标人须知前附表授权评标委员会直接确定中标人，则为“确定的中标人”)与签订合同前要处理的事宜；澄清、说明或补正事项纪要。

(二)评标报告签字

评标报告由评标委员会全体成员签字，对评标结论持有异议的评标委员会成员可以书面方式阐述其不同意见和理由。评标委员会拒绝在评标报告上签字且不陈述其不同意见和理由的，视为同意评标结论。评标委员会应当对此做出书面说明并记录在案。

向招标人提交书面评标报告后，评标委员会即告解散。评标过程中使用的文件、表格以及其他资料应当及时归还招标人。

# 第三节　定标和授标

## 一、定标的概念

定标亦称决标、中标，是指招标人根据评标委员会的评标报告，在推荐的中标候选人(一般为1～3个)中，最后确定中标人；在某些情况下，招标人也可以直接授权评标委员会直接确定中标人。

(一)推荐中标候选人

除投标人须知前附表授权直接确定中标人外，评标委员会在推荐中标候选人时，应遵照以下原则。

第一，评标委员会对有效的投标按照评标价由低至高的次序排列，根据投标人须知前附表的规定推荐中标候选人。

第二，如果评标委员会根据本章的规定做废标处理后，有效投标不足3个且少于投标人须知前附表规定的中标候选人数量，则评标委员会可以将所有有效投标按评标价由低至高的次序作为中标候选人向招标人推荐。如果因有效投标不足3个使得投标明显缺乏竞争的，评标委员会可以建议招标人重新招标。

第三，投标截止时间前递交投标文件的投标人数量少于3个或者所有投标被否决的，招标人应当依法重新招标。

(二)直接确定中标人

投标人须知前附表授权评标委员会直接确定中标人的，评标委员会对有效的投标按照评标价由低至高的次序排列，并确定排名第一的投标人为中标人。

## 二、中标人的条件

(一)相关规定

中标人的投标应当符合这样两个条件之一：一是能够最大限度地满足招标文件中规定的各项综合评标标准；二是能够满足招标文件的实质性要求，并且经评审的投标价格最低；但是投标价格低于成本的除外。评标委员会应按照招标文件中规定的定标方法，推荐不超过3个有排序的合格的中标候选人。

(二)具体认定

实行低标价法评标时，中标人的投标文件应能满足招标文件的各项要求且投标报价最低。但评标委员会可以要求其对保证工程质量、降低工程成本拟采用的技术措施做出说明，并据此提出评价意见，供招标单位定标时参考。

当实行专家评议法或打分法评标时，以得票最多或者得分最高的投标单位为中标单位。

国有资金占控股或者主导地位的依法必须进行招标的项目，招标人应当确定排名第一的中标候选人为中标人。排名第一的中标候选人放弃中标、因不可抗力不能履行合同、不按照招标文件要求提交履约保证金，或者被查实存在影响中标结果的违法行为等情形，不符合中标条件的，招标人可以按照评标委员会提出的中标候选人名单排序依次确定其他中标候选人为中标人，也可以重新招标。

中标候选人的经营、财务状况发生较大变化或者存在违法行为，招标人认为可能影响其履约能力的，应当在发出中标通知书前由原评标委员会按照招标文件规定的标准和方法审查确认。招标人和中标人应当依照招标投标法和本条例的规定签订书面合同，合同的标的、价款、质量、履行期限等主要条款应当与招标文件和中标人的投标文件的内容一致，招标人和中标人不得再行订立背离合同实质性内容的其他协议。

招标人最迟应当在书面合同签订后5日内向中标人和未中标的投标人退还投标保证金及银行同期存款利息。

## 三、定标和授标的程序

(一)决标前谈判

决标前谈判要达到的目的，以建设工程施工招标为例，在业主方面，一是进一步了解和审查候选中标单位的施工方案和技术措施是否合理、先进、可靠以及准备投入的施工力量是否足够雄厚，能否保证工程质量和进度；二是进一步审核报价，并在付款条件、付款期限及其他优惠条件等方面取得候选中标单位的承诺。在候选中标单位方面，则是力求使自己成为中标者，并以尽可能有利的条件签订合同。为此，需进行两方面的谈判。

1.技术性谈判

技术性谈判也叫技术答辩，通常由招标方的评标委员会主持，主要是了解候选中标单位中标后将如何组织施工，对保证工期、工程质量和技术复杂的部位将采取什么关键措施等。候选中标单位应认真细致地准备，对投标书的有关部分做必要的补充说明，必要时可提交图解、照片或录像等资料；还可以提出与竞争对手对比的有关资料，以引起评标委员会的重视，增强自己的竞争优势。

2.经济性谈判

经济性谈判主要是价格问题。在国际招标活动中，有时在决标前的谈判中允许招标方提出压价的要求；在利用世界银行贷款项目和我国国内项目的招标活动中，开标后不许压低标价，但在付款条件、付款期限、贷款和利率及外汇比率等方面是可以谈判的。候选中标单位要对招标方的要求逐条分析，采取适当的对策，既要准备应付压价，又要针对招标方增加项目、修改设计、提高标准等要求，不失时机地适当增加报价，以补回压价的损失。除了价格谈判以外，候选中标单位还可以探询招标方的意图，投其所好，以许诺使用当地劳务或分包、免费培训施工和生产技术工人以及竣工后无偿赠送施工机械设备等优惠条件，增强自己的竞争力，争取最后中标。

但是我国的法律明确规定，开标后禁止招投标双方就价格等实质性问题进行谈判。

(二)确定中标人

依法必须进行招标的项目，在根据评标委员会推荐的排名第一的中标人公示后，招标人将其确定为中标人。招标单位未按照推荐的中标候选人的排序确定中标单位时，应当在其招投标情况的书面报告中进行说明。

使用国有资金投资或者国家融资的项目，排名第一的中标候选人放弃中标、因不可抗力提出不能履行合同，或者招标文件规定应当提交履约保证金而在规定的期限内未能提交的，招标人可以确定排名第二的中标候选人为中标人。排名第二的中标候选人因同样的原因不能签合同的招标人可以确定排名第三的中标候选人为中标人。

(三)发出中标通知书

在评标委员会提交评标报告后，招标单位应在招标文件规定的时间内完成定标。中标人确定后，招标人将于15日内向工程所在地的县级以上人民政府建设行政主管部门提交施工招标情况的书面报告。建设行政主管部门自收到书面报告之日起5日内，未通知招标人在招投标活动中有违法行为的，招标人将向中标人发出中标通知书，同时将中标结果通知所有未中标的投标人。

(四)合同谈判

合同谈判是准备订立合同的双方或多方当事人为相互了解、确定合同权利与义务而进行的商议活动。

招标人和中标人应当自中标通知书发出之日起30日内，按照招标文件和中标人的投标文件订立书面合同。发出中标通知书之后，法律规定招标人和中标人应当按照招标文件和中标人的投标文件订立书面合同，但是双方或多或少总会存在一些在招标文件或投标文件中没有包括(或有不同认识)的内容需要交换意见、需要协商，这其实就是一种谈判。

合同谈判的内容因项目情况和合同性质、原招标文件规定、发包人的要求而异。一般情况下，合同谈判会涉及合同的商务和技术的所有条款。详细来讲主要包括工程范围、合同文件、双方的一般义务、工程的开工和工期、材料和操作工艺、施工机具、设备和材料的进口、工程的维修、工程的变更和增减、付款问题、争端的解决等。

应该注意的是，对于在谈判讨论中经双方确认的内容及范围方面的修改或调整，应和其他所有在谈判中双方达成一致的内容一样，以文字方式确定下来，并以合同补充或会议纪要的方式作为合同附件，构成合同一部分。

总之，需要谈判的内容非常多，而且双方均以维护自身利益为核心进行谈判，更加使得谈判复杂化、艰难化。因而，需要精明强干的投标班子或者谈判班子进行仔细、具体的谋划。

(五)签订合同

中标人确定后,招标人应当向中标人发出中标通知书,并同时将中标结果通知所有未中标的投标人。中标通知书对招标人和中标人具有法律效力,中标通知书发出后,招标人改变中标结果的,或者中标人放弃中标项目的,应当依法承担缔约过失责任。

签订书面合同,合同的标的、价款、质量、履行期限等主要条款应当与招标文件和中标人的投标文件的内容一致。

招标人和中标人不得再行订立背离合同实质性内容的其他协议,招标人和中标人应当自中标通知书发出之日起 30 日内,按照招标文件和中标人的投标文件订立书面合同。

招标人最迟应当在书面合同签订后 5 日内向中标人和未中标的投标人退还投标保证金及银行同期存款利息。

(六)提交书面报告

招标人在确认正式中标人后 15 日内,必须向有关建设主管部门提交招标投标情况的书面报告,有关招标投标情况书面报告应包括的内容为以下两个方面。

第一,招标投标的基本情况包括招标范围、招标方式、资格审查、开评标过程和确定中标人的方式及理由等。

第二,相关的文件资料包括招标公告或者投标邀请书、投标报名表、资格预审文件、招标文件、评标委员会的评标报告(设有标底的,应当附标底及编、审证明资料)、中标人的投标文件,委托工程招标代理的,还应当附工程施工招标代理委托合同。

## 四、中标人的法定义务

中标人在中标后应履行的义务包括:中标后,中标人不得和招标人再行订立违反合同实质性内容的其他协议。招标文件要求中标人提交履约保证金的,中标人应当按照招标文件的要求提交。履约保证金不得超过中标合同金额的 10%。招标人和中标人不按照招标文件和中标人的投标文件订立合同的,或者招标人、中标人订立违背合同实质内容的协议的,责令改正,可以处中标项目 0.5%以上 1%以下的罚款。中标人应当按照合同约定履行义务，完成中标项目。中标人不得向他人转让中标项目。中标人不得将中标项目肢解后分别向他人转让。中标人按照合同规定或者经招标人同意，可以将中标项目的部分非主体、非关键性工作分包给他人完成。中标人应当就分包项目向招标人负责，接受分包的人就分包项目承担连带责任。接受分包的人应当具备相应的资格条件，并不得再次分包。

# 第五章　建设工程其他招标投标

## 第一节　建设工程监理招标投标

### 一、建设工程监理招标投标概述

(一)建设工程监理及其范围

1. 建设工程监理

工程建设监理是指监理单位受项目法人的委托,依据国家批准的工程项目建设文件、有关工程建设的法律、法规和工程建设监理合同及其他工程建设合同,对工程建设实施的监督管理。工程建设监理的主要内容是控制工程建设的投资、建设工期和工程质量,进行工程建设合同管理,协调有关单位间的工作关系。项目法人一般通过招标投标方式择优选定监理单位,项目监理招标宜在相应的工程勘察、设计、施工、设备和材料招标活动开始前完成。

2. 建设工程监理的招标范围

在我国境内进行下列工程建设项目监理活动的必须进行招标。

第一,大型基础设施、公用事业等关系社会公共利益、公众安全的项目。

第二,全部或者部分使用国有资金投资或者国家融资的项目。

第三,使用国际组织或者外国政府贷款、援助资金的项目。

第四,监理服务的采购,单项合同估算价在 100 万元人民币以上的项目。

（二）建设工程监理招标投标主体

建设工程项目监理招标投标活动应当遵循公开、公平、公正和诚实信用的原则，其招标工作由招标人负责，任何单位和个人不得以任何方式非法干涉建设工程项目监理招标投标活动。

1.建设工程监理招标主体

建设工程项目监理招标的主体是承建招标项目的建设单位，又称业主招标人。招标人可以自行组织监理招标，也可以委托招标代理机构组织招标。招标人自行办理项目监理招标事宜时，应当按有关规定履行核准手续。招标人委托招标代理机构组织招标时，该代理机构不得参加或代理该项目监理的投标。

2.建设工程监理投标主体

参加投标的监理单位应当是取得监理资质证书，具有法人资格的监理公司、监理事务所，或兼承监理业务的工程设计、科学研究及工程建设咨询的单位，同时必须具有与招标工程规模相适应的资质等级。

从事建设工程监理活动的企业，取得工程监理企业资质，并在工程监理企业资质证书许可的范围内从事工程监理活动。资质等级是经各级建设行政主管部门按照监理单位的人员素质、资金数量、专业技能、管理水平及监理业绩的不同而审批核定的。我国工程监理企业资质分为综合资质、专业资质和事务所资质。其中，专业资质按照工程性质和技术特点划分为若干工程类别，综合资质、事务所资质不分级别。专业资质分为甲级、乙级；其中，房屋建筑、水利水电、公路和市政公用专业资质可设立丙级。

3.建设工程监理监管主体

国务院建设行政主管部门负责管理全国建设监理招标投标的管理工作，各省、市、自治区及工业、交通部门建设行政管理机构负责本地区、本部门建设监理招标投标管理工作，各地区、各部门建设工程招标投标管理办公室对建设工程监理项目招标投标活动实施监督管理。

(三)建设工程监理招标方式

建设工程监理招标的方式分为公开招标和邀请招标两种。全部使用国有资金投资、国有资金占控股或主导地位的项目,应该进行公开招标。对于技术复杂或者有特殊要求的项目、符合条件的潜在投标人数量有限的项目、受自然地域环境限制的项目、公开招标的费用与工程监理费用相比所占比例过大的项目、法律法规规定不宜公开招标的项目,经有审批权的建设行政主管部门批准后,可以进行邀请招标。

(四)建设工程监理招标特点

工程监理属于咨询服务行业,专业性很强,这就决定了工程监理招标与工程施工招标相比具有不同的特点。

建设工程监理招标的标的是"监理服务",其与勘察设计、施工承包、货物采购等其他各类招标的最大区别为监理单位受项目业主委托对工程建设活动过程依法提供监督、管理、协调、咨询等服务。监理工作是智力服务,监理招标应该引导监理投标单位注重素质能力的竞争。

## 二、建设工程监理招标投标程序

(一)建设工程监理的招标程序

建设工程项目进行监理招标时,进行的程序包括:招标人组建招标班子,确定监理招标范围;自行进行招标的在规定时间内到招标投标管理机构办理备案手续。招标人确定招标方式。明确采用公开招标还是邀请招标。招标人编制招标文件,采用资格预审的同时编制资格预审文件。发布招标公告、资格预审公告或投标邀请书。发售资格预审文件或招标文件,发售期不得少于5日。如采用资格预审,对投标人提交的资格预审申请文件进行审查后,将资格预审结果通知所有参加资格预审的潜在投标人,并向通过资格预审的潜在投标人发出投标邀请书和发售招标文件。招标人自行决定是否组织投标人考察招标项目工程现场,召开标前会议。在招标公告规定的时间和地点接收投标人的投标文件。招标人组织开标、评标。采用资格后审方式的,由评标委员会对投标人进行资格审查。

评标委员会向招标人提交评标报告并推荐中标候选人。招标人确定中标人后向招标投标管理机构提交书面报告进行备案。招标人发出中标通知书和中标结果通知书。招标人与中标人签订监理合同。

(二)建设工程监理的投标程序

监理企业在获取招标信息、进行投标时,需要遵循的程序包括:监理企业组建投标班子,进行投标前准备工作。投标人购买资格预审文件,参加资格预审。通过资格预审的投标人购买招标文件。投标人分析招标文件,参加现场踏勘和投标预备会。投标人编制投标文件并递交投标文件。投标人参加开标,并应评标委员会的要求进行投标文件的澄清和修改。中标的投标人接收中标通知书,与招标人签订监理合同;未中标的投标人接收中标结果通知书。

(三)建设工程监理的资格审查

招标人通过资格审查缩小潜在投标人的范围,资格审查包括资格预审和资格后审两种方式。无论是采用公开招标还是采用邀请招标,资格审查工作都是必需的。这个过程主要是考察投标人的资格条件、经验条件、资源条件、公司信誉、承建新项目的监理能力和财务状况等几个方面是否能满足招标监理工程的要求。

1.资质条件

资质条件包括资质等级、营业执照注册范围、隶属关系、公司组成形式及所在地、法人条件和公司章程,考察投标企业的专业资质等级能否满足招标工程监理业务的专业和等级要求。

2.经验条件

经验条件包括已监理过的工程项目、已监理过的与招标工程类似的工程项目的监理质量业绩及监理效果。

3.资源条件

资源条件包括监理企业和拟派往工程建设项目的人员情况(包括人员的规模、素质、专业结构比例、职业资格和结构比例等),还包括开展正常监理工作可采用的检测方法和手段、使用计算机软件的管理能力。

4. 公司信誉

公司信誉包括监理单位在专业方面的名望、地位，在以往服务过的工程项目中的信誉，是否能全心全意地与业主和承建人合作。

5. 承建新项目的监理能力

承建新项目的监理能力包括考察投标单位正在进行监理工作工程项目的数量、规模，正在进行监理工作各项目的开工和预计竣工时间，从而估计其能用于拟建项目监理工作的富余力量。

6. 财务状况

财务状况指经会计师事务所或审计机构审计的财务会计报表，包括资产负债表、现金流量表、利润表和财务情况说明书，还有银行的信誉等级、资产状况和利润率等资格审查合格的单位应均有能力和资格完成招标工程的监理工作。

监理招标的资格预审可以首先以会谈的形式对监理单位的主要负责人或拟派驻的总监理工程师进行考查，然后再让其报送相应的资格材料。与初选各家公司会谈后，再对各家的资质进行评审和比较，确定邀请投标的监理公司名单。初步审查还只限于对邀请对象的资质、能力是否与拟实施项目特点相适应的总体考查。为了能够对监理单位有较深入全面地了解，应通过着这样几种方法收集有关信息：索取监理公司的情况介绍资料；与其高级人员交谈；向其已监理过工程的发包人咨询；考查他们已监理过的工程项目。

（四）建设工程监理的开标、评标

1. 开标

（1）开标的时间和地点

招标人在招标文件的投标人须知前附表中规定的投标截止时间（开标时间）和地点公开开标，所有投标人的法定代表人或其委托代理人需准时参加。招标人在招标文件的投标人须知前附表中规定的投标截止时间（开标时间）通过电子招标投标交易平台公开开标，所有投标人的法定代表人或其委托代理人应当准时参加。

(2)开标异议和无效标书

投标人对开标有异议的,应当在开标现场提出,招标人当场做出答复,并制作记录。

所有投标人的法定代表人或其委托代理人在开标中,属于下列情况之一的,按无效标书处理:投标人未按时参加开标会,或虽参加会议但无有效证件;投标书未按规定的方式密封;唱标时更改投标书内容;监理费报价低于国家规定的下限。

2.评标

评标活动应遵循公平、公正、科学和择优的原则,评标活动由招标人依法组建的评标委员会负责。评标委员会由招标人或其委托的招标代理机构熟悉相关业务的代表以及有关技术、经济等方面的专家组成。评标委员会成员人数以及技术、经济等方面专家的确定方式由招标人在招标文件的投标人须知前附表中确定。

评标过程中,评标委员会成员有回避事由、擅离职守或者因健康状况欠佳等原因不能继续评标的,招标人有权更换。被更换的评标委员会成员做出的评审结论无效,由更换后的评标委员会成员重新进行评审。

评标委员会按照招标文件中“评标办法”规定的方法、评审因素、标准和程序对投标文件进行评审。“评标办法”没有规定的方法、评审因素和标准,不作为评标依据。评标完成后,评标委员会应当向招标人提交书面评标报告和中标候选人名单。

## 三、建设工程监理招标文件

投标人须知前附表用于进一步明确“投标人须知”正文中的未尽事宜,招标人应结合招标项目具体特点和实际需要编制和填写,但不得与“投标人须知”正文内容相抵触,否则抵触内容无效。评标办法前附表用于明确评标的方法、因素、标准和程序。

(一)招标公告或投标邀请书

1.内容

招标公告或者投标邀请书应当列明的内容包括:招标人的名称和地

址。监理项目的内容、规模、资金来源。监理项目的实施地点和服务期。获取招标文件或者资格预审文件的地点和时间。对招标文件或者资格预审文件收取的费用。对投标人的资质等级的要求。招标人认为应当公告或者告知的其他事项。

2.格式

依法实施公开招标的建设工程项目监理招标，招标人或其委托的招标代理机构应该在指定媒介上发布招标公告。依法实施邀请招标的建设工程项目，招标人或其委托的招标代理机构向拟邀请的投标人发送投标邀请书。招标公告、投标邀请书的一般格式与施工招标类似。

3.发布要求

国家发展和改革委员会根据招标投标法律法规规定，对依法必须招标的项目招标公告和公示信息发布媒介的信息发布活动进行监督管理。省级发展改革部门对本行政区域内招标公告和公示信息发布活动依法进行监督管理。

(二)投标人须知

投标人须知包括投标人须知前附表和投标人须知正文两部分内容，是用来指导投标人正确投标的，一般包括以下内容。

1.总则

总则包括招标项目概况、招标项目的资金来源和落实情况、招标范围、监理服务期限和质量标准、投标人资格要求、费用承担、保密、语言文字、计量单位、踏勘现场、投标预备会、分包、响应和偏差等内容。

2.招标文件

招标文件包括招标文件的组成、澄清、修改和异议。

(1)招标文件的澄清

投标人应仔细阅读和检查招标文件的全部内容。如发现缺页或附件不全，应及时向招标人提出，以便补齐。如有疑问，应按投标人须知前附表规定的时间和形式将提出的问题送达招标人，要求招标人对招标文件予以澄清。

招标文件的澄清以投标人须知前附表规定的形式发给所有购买招标

文件的投标人,但不指明澄清问题的来源。澄清发出的时间距投标截止时间不足 15 日,且澄清内容可能影响投标文件编制的,将相应延长投标截止时间。

投标人在收到澄清后,应按投标人须知前附表规定的时间和形式通知招标人,确认已收到该澄清。除非招标人认为确有必要答复,否则招标人有权拒绝回复投标人在规定的时间后的任何澄清要求。

(2)招标文件的修改

招标人以投标人须知前附表规定的形式修改招标文件,并通知所有已购买招标文件的投标人。修改招标文件的时间距投标截止时间不足 15 日且修改内容可能影响投标文件编制的,将相应延长投标截止时间。

(3)招标文件的异议

投标人或者其他利害关系人对招标文件有异议的,应当在投标截止时间 10 日前以书面形式提出。招标人将在收到异议之日起 3 日内做出答复;做出答复前,将暂停招标投标活动。

3.合同授予

合同授予包括中标候选人公示、评标结果异议、中标候选人履约能力审查、定标、中标通知、履约保证金和签订合同等内容。

(1)中标候选人公示

招标人在收到评标报告之日起 3 日内,按照投标人须知前附表规定的公示媒介和期限公示中标候选人,公示期不得少于 3 天。

(2)评标结果异议

投标人或者其他利害关系人对评标结果有异议的,应当在中标候选人公示期间提出。招标人将在收到异议之日起 3 日内做出答复;做出答复前,将暂停招标投标活动。

(3)中标候选人履约能力审查

中标候选人的经营、财务状况发生较大变化或存在违法行为,招标人认为可能影响其履约能力的,将在发出中标通知书前提请原评标委员会按照招标文件规定的标准和方法进行审查确认。

(4)定标

按照投标人须知前附表的规定,招标人或招标人授权的评标委员会依法确定中标人。

(5)中标通知

投标有效期内,招标人以书面形式向中标人发出中标通知书,同时将中标结果通知未中标的投标人。

(6)履约保证金

在签订合同前,中标人应按投标人须知前附表规定的形式、金额和格式向招标人提交履约保证金。除投标人须知前附表另有规定外,履约保证金为中标合同金额的10%。联合体中标的其履约保证金以联合体各方或者联合体中牵头人的名义提交。

中标人不能按要求提交履约保证金的,视为放弃中标,其投标保证金不予退还,给招标人造成的损失超过投标保证金数额的,中标人还应当对超过部分予以赔偿。

(7)签订合同

招标人和中标人应当在中标通知书发出之日起30日内,根据招标文件和中标人的投标文件订立书面合同。中标人无正当理由拒签合同,在签订合同时向招标人提出附加条件,或者不按照招标文件要求提交履约保证金的,招标人有权取消其中标资格,其投标保证金不予退还;给招标人造成的损失超过投标保证金数额的,中标人还应当对超过部分予以赔偿。

发出中标通知书后,招标人无正当理由拒签合同,或者在签订合同时向中标人提出附加条件的,招标人向中标人退还投标保证金;给中标人造成损失的,还应当赔偿损失。

联合体中标的,联合体各方应当共同与招标人签订合同,就中标项目向招标人承担连带责任。

(三)合同条款及格式

合同条款及格式包括通用合同条款、专用合同条款和合同附件格式三部分内容。在通用合同条款中除一般约定、委托人义务、委托人管理、合同变更、合同价格与支付、不可抗力、违约和争议的解决外,重点明确提出了监理人的义务、监理的要求、开始监理和完成监理、监理的责任与保险等内容。

监理人的义务阐明了监理人的一般义务、履约保证金的生效要求、联合体投标的规定、对总监理工程师的要求、监理人员如何进行管理、总监理工程师和其他监理人员的撤换、如何保障监理人员的合法权益；监理的要求阐述了监理的范围、监理的依据、监理的工作内容和监理文件的要求；开始监理和完成监理主要阐明了监理服务期限的计算、监理周期的延误和监理文件的编制和移交等内容；监理的责任和保险主要明确了监理责任的主体、建议监理人根据工程情况对监理责任进行保险等内容。

(四)委托人要求

委托人要求应尽可能清晰准确，对于可以进行定量评估的工作，委托人要求不仅应明确规定其功能、用途、质量、环境、安全，并且要规定偏差的范围和计算方法以及检验、试验、试运行的具体要求。对于监理人负责提供的有关服务，在委托人要求中应一并明确规定。

(五)监理大纲

监理招标文件中规定监理大纲应该包括监理工程概况、监理范围、监理内容、监理依据、监理工作目标、监理机构设置(框图)、岗位职责，监理工作程序、方法和制度，拟投入的监理人员、试验检测仪器设备，质量、进度、造价、安全、环保监理措施，合同、信息管理方案，组织协调内容及措施，监理工作重点、难点分析，对本工程监理的合理化建议等内容。

## 四、建设工程监理评标方法

(一)评标办法

监理招标的评标一般采用综合评估法，根据招标项目的特点设定评标因素、标准和评分权重，评标办法一旦确定，不得更改。评标委员会对满足招标文件实质性要求的投标文件，按照评分标准进行打分，并按得分由高到低的顺序推荐中标候选人，或根据招标人授权直接确定中标人，但投标报价低于其成本的除外。综合评分相等时，以投标报价低的优先；投标报价也相等的，以监理大纲得分高的优先；如果监理大纲得分也相等，按照评标办法前附表的规定确定中标候选人顺序。

(二)评审标准

1.初步评审标准

初步评审包括形式评审、资格评审和响应性评审。

形式评审一般评审以下因素:投标人名称、投标函及投标函附录签字盖章、投标文件格式、联合体投标人、备选投标方案等内容。

资格评审一般评审以下因素:营业执照和组织机构代码证、资质要求、财务要求、业绩要求、信誉要求、总监理工程师、其他主要人员、试验检测仪器设备、其他要求等内容。

响应性评审一般评审以下因素:投标报价、投标内容、监理服务期限、质量标准、投标有效期、投标保证金、权利义务和监理大纲等内容。

2.分值构成与评分标准

分值总分共100分,由资信业绩、监理大纲、投标报价和其他评分因素四个部分构成。

资信业绩部分从投标企业的信誉、类似项目业绩,总监理工程师资历和业绩,其他主要人员资历和业绩,拟投入的试验检测仪器设备等方面进行打分评审。监理大纲部分从监理工程概况、监理范围、监理内容、监理依据、监理工作目标,监理机构设置(框图)、岗位职责、监理工作程序、方法和制度,拟投入的监理人员、试验检测仪器设备,质量、进度、造价、安全、环保监理措施,合同、信息管理方案,组织协调内容及措施,监理工作重点、难点分析,对本工程监理的合理化建议等方面进行打分评审。

(三)评标程序

1.初步评审

评标委员会可以要求投标人提交规定的有关证明和证件的原件,以便核验。评标委员会依据规定的标准对投标文件进行初步评审,有一项不符合评审标准的,评标委员会应当否决其投标。

投标人有以下情形之一的,评标委员会应当否决其投标:投标文件没有对招标文件的实质性要求和条件做出响应,或者对招标文件的偏差超出招标文件规定的偏差范围或最高项数。

投标报价有算术错误及其他错误的，评标委员会按相应原则要求投标人对投标报价进行修正，并要求投标人书面澄清确认。投标人拒不澄清确认的，评标委员会应当否决其投标。

2. 详细评审

评标委员会按规定的量化因素和分值进行打分，并计算出综合评估得分。评分分值计算保留小数点后两位，小数点后第三位“四舍五入”。评标委员会发现投标人的报价明显低于其他投标报价，使得其投标报价可能低于其个别成本的，应当要求该投标人做出书面说明并提供相应的证明材料。投标人不能合理说明或者不能提供相应证明材料的，评标委员会应当认定该投标人以低于成本报价竞标，并否决其投标。

3. 投标文件的澄清

评标委员会可以书面形式要求投标人对投标文件中含义不明确、对同类问题表述不一致或者有明显文字和计算错误的内容做必要的澄清、说明或补正。澄清、说明或补正应以书面方式进行。评标委员会不接受投标人主动提出的澄清、说明或补正。澄清、说明或补正不得超出投标文件的范围且不得改变投标文件的实质性内容，并构成投标文件的组成部分。

## 五、建设工程监理投标文件

### (一)投标文件的组成

投标文件应包括九个方面内容：一是投标函及投标函附录；二是法定代表人身份证明或授权委托书；三是联合体协议书；四是投标保证金；五是监理报酬清单；六是资格审查资料；七是监理大纲；八是投标人须知前附表规定的其他资料；九是投标人在评标过程中做出的符合法律法规和招标文件规定的澄清确认。

### (二)投标报价

投标报价应包括国家规定的增值税税金，除投标人须知前附表另有规定外，增值税税金按一般计税方法计算。投标人应按招标文件中的“投标文件格式”要求在投标函中进行报价并填写监理报酬清单。投标人应充分了解该项目的总体情况以及影响投标报价的其他要素。

投标人在投标截止时间前修改投标函中的投标报价总额，应同时修改投标文件“监理报酬清单”中的相应报价。招标人设有最高投标限价的，投标人的投标报价不得超过最高投标限价，最高投标限价在投标人须知前附表中载明。

(三)投标有效期

除投标人须知前附表另有规定外，投标有效期为90天。在投标有效期内，投标人撤销投标文件的，应承担招标文件和法律规定的责任。出现特殊情况需要延长投标有效期的，招标人以书面形式通知所有投标人延长投标有效期。投标人应予以书面答复，同意延长的，应相应延长其投标保证金的有效期，但不得要求或被允许修改其投标文件；投标人拒绝延长的，其投标失效，但投标人有权收回其投标保证金及以现金或者支票形式递交的投标保证金的银行同期存款利息。

(四)投标保证金

投标人在递交投标文件的同时，应按投标人须知前附表规定的金额、形式和投标文件格式规定的投标保证金格式递交投标保证金，并作为其投标文件的组成部分。投标人不按要求提交投标保证金的，评标委员会将否决其投标。

(五)备选投标方案

除投标人须知前附表规定允许外，投标人不得递交备选投标方案，否则其投标将被否决。允许投标人递交备选投标方案的，只有中标人所递交的备选投标方案方可予以考虑。评标委员会认为中标人的备选投标方案优于其按照招标文件要求编制的投标方案的，招标人可以接受该备选投标方案。投标人提供两个或两个以上投标报价，或者在投标文件中提供一个报价，但同时提供两个或两个以上监理方案的，视为提供备选方案。

(六)投标文件的编制

投标文件应按格式编写,如有必要可以增加附页,作为投标文件的组成部分。投标函附录在满足招标文件实质性要求的基础上,可以提出比招标文件要求更有利于招标人的承诺。投标文件应当对招标文件有关监理服务期限、投标有效期、委托人要求、招标范围等实质性内容做出响应。

## 第二节　建设工程勘察设计招标投标

### 一、建设工程勘察设计招标投标概述

(一)建设工程勘察设计招标

工程勘察设计招标是指根据批准的可行性研究报告,以招标方式择优选择勘察设计单位,可以促进勘察设计单位采用先进的技术,更好地完成勘察设计任务,达到降低工程造价、缩短工期和提高投资效益的目的。勘察单位最终提出施工现场的地理位置、地形、地貌、地质、水文等在内的勘察报告,设计单位最终提供设计图纸和成本预算结果,招标人可以依据工程建设项目的不同特点,实行勘察设计一次性总体招标;也可以在保证项目完整性、连续性的前提下,按照技术要求实行分段或分项招标。招标人一般应当将建筑工程的方案设计、初步设计和施工图设计一并招标。确需另行选择设计单位承担初步设计、施工图设计的,应当在招标公告或者投标邀请书中明确。鼓励建筑工程实施设计总包,实施设计总包的,按照合同约定或者经招标人同意,设计单位可以不通过招标方式将建筑工程非主体部分的设计进行分包。

(二)勘察设计招标方式及范围

勘察设计招标工作由招标人负责。任何单位和个人不得以任何方式非法干涉招标投标活动。招标人可以依据工程建设项目的不同特点,实行勘察设计一次性总体招标,也可以在保证项目完整性、连续性的前提下,按照技术要求实行分段或分项招标。招标人不得将依法必须进行招

标的项目化整为零，或者以其他任何方式规避招标。工程建设勘察、设计单位不得将所承揽的工程建设勘察、设计进行转包。但经发包方书面同意后，可将除工程建设主体部分外的其他部分的勘察、设计分包给具有相应资质等级的其他工程建设勘察、设计单位。

### （三）勘察设计招标条件及投标人应具备的条件

#### 1.工程建设项目勘察设计应具备的条件

依法必须进行勘察设计招标的工程建设项目，在招标时应当具备的条件包括：招标人已经依法成立；按照国家有关规定需要履行项目审批、核准或者备案手续的，已经审批、核准或者备案；勘察设计有相应资金或者资金来源已经落实；所必需的勘察设计基础资料已经收集完成；法律法规规定的其他条件。

依法必须招标的工程建设项目，招标人可以对项目的勘察、设计、施工以及与工程建设有关的重要设备、材料的采购，实行总承包招标。

#### 2.投标人应具备的条件

参加投标的勘察设计单位首先应当是取得勘察设计资质证书，具有法人资格的从事建设工程勘察、工程设计活动的企业，同时必须具有与招标工程规模相适应的资质等级。从事建设工程勘察、工程设计活动的企业，根据其拥有的资产、专业技术人员、技术装备和勘察设计业绩等条件申请资质，经审查合格，取得建设工程勘察、工程设计资质证书后，方可在资质等级许可的范围内从事建设工程勘察、工程设计活动。

### （四）勘察设计招标的特点

勘察设计招标与施工招标和材料设备的采购供应招标不同，是投标人通过自己的劳动，将业主对项目的设想转变为可实施的蓝图。勘察设计招标时，招标文件中简明列出建设项目的指标要求、投资限额和实施条件等，规定投标人分别报出建设项目的构思方案和实施计划，招标人通过开标、评标程序对各方案进行对比选择，再确定中标人。勘察设计招标主要有以下特点。

1.勘察设计招标方式的多样性

勘察设计招标不仅可采用公开招标、邀请招标的方式，还可采用设计方案竞赛等其他方式确定中标单位。

2.招标文件的内容不同

勘察招标的招标文件中一般给出任务的数量指标，如地质勘探的孔位、眼数、总钻探进尺长度等。设计招标的招标文件中仅提出设计依据、建设项目应达到的技术指标、项目的预期投资限额、项目限定的工程范围、项目所在地的基本资料、要求完成的时间等内容，而无具体的工作量要求。

3.开标的形式不同

开标时，是由各投标人在规定的时间内分别介绍自己初步设计方案的构思和意图，并论述方案的优点、实施计划和报价，但不排标价次序。

4.评标的原则不同

评标决标时，业主不过分追求完成设计任务的报价额高低，工程勘察设计招标应重点评估投标人的能力、业绩、信誉以及方案的优劣。因此，勘察招标评标时应按评审标准更多地关注勘察成果的完备性、准确性正确性；设计招标评标时要注重工程设计方案的技术先进性、合理性、设计质量、设计进度的控制措施，预期达到的技术经济指标以及工程项目投资效益影响等。

5.投标报价方式和竞争关键不同

投标人的投标报价与施工投标报价不同，是首先提出勘察设计方案，论述该方案的优点和实施计划，在此基础上再进一步提出报价。工程设计招标竞争的关键是设计方案的优劣和设计团队的素质能力。

6.工程设计方案涉及知识产权

建设工程设计属于智力服务，其设计方案具有一定的知识产权，招标人在招标文件中应规定涉及的知识产权范围和归属以及投标的补偿费用。

## 二、建设工程勘察设计招标的程序

### (一)发布招标公告、资格预审公告或投标邀请书

公开招标项目应当发布资格预审公告或者招标公告。符合邀请招标条件的项目,可向特定的法人或组织发出投标邀请书。依法必须进行招标的项目,资格预审公告和招标公告应在国务院发展改革部门依法指定的媒介发布。进行资格预审的公开招标项目,招标人应发布资格预审公告邀请不特定的潜在投标人参加资格审查,不进行资格预审的公开招标项目,招标人应发布招标公告邀请不特定的潜在投标人投标。

招标公告或投标邀请书应当载明招标人名称和地址、招标项目的基本要求、投标人的资质要求以及获取招标文件的办法等事项。招标人应当在资格预审公告、招标公告或者投标邀请书中载明是否接受联合体投标。采用联合体形式投标的,联合体各方应当签订共同投标协议,明确约定各方承担的工作和责任,就中标项目向招标人承担连带责任。

招标公告、资格预审公告或投标邀请书发布后,招标人应当按招标公告或者投标邀请书规定的时间、地点出售招标文件或者资格预审文件。

### (二)投标人的资格审查

资格审查分资格预审和资格后审两种。进行资格预审的,招标人只向资格预审合格的潜在投标人发售招标文件,并同时向资格预审不合格的潜在投标人告知资格预审结果。凡是资格预审合格的潜在投标人都应被允许参加投标。

1.资格审查的内容

(1)企业勘察设计资质

资质审查主要审查申请投标单位的勘察和设计资质等级是否满足拟建项目的要求。招标人应结合招标项目行业类别、功能性质、标准、规模,科学设定申请人应具备的企业资质类别和等级,主要审查勘察设计企业资质证书种类、级别和允许承接任务的范围。

(2)能力审查

能力审查包括勘察设计人员的技术力量和主要技术设备两方面。人

员的技术力量重点考虑拟投入项目的主要负责人的资质能力和勘察设计人员的专业覆盖面、人员数量、中高级人员所占比例等是否能满足完成工程勘察设计任务的需要。技术设备能力主要审查测量、制图、钻探设备的器材种类、数量、目前的使用情况等，审查其能否适应开展勘察设计工作的需要。

(3)类似工程经验审查

通过投标人报送的近年来完成的工程项目表，审查投标单位的勘察设计能力和水平，审查内容包括工程名称、规模、标准、结构形式、质量评定等级、设计周期等。侧重考虑已完成的工程设计与招标项目在规模、性质、结构形式等方面是否相适应，规模较大的项目可通过考察申请人以往完成的工程规模数量和目前已经承接的项目的规模数量，了解企业可以调动的资源和能力。

(4)财务状况及信誉审查

审查企业近几年的主营业务的基本财务状况以及近几年设计单位及其完成的成果和履约信誉情况，包括是否涉及设计质量、安全事故、仲裁和诉讼等。

2.资格审查材料

资格审查需要在招标文件或资格预审文件中明确规定投标人参加资格审查所需要提交的材料，通过对材料的审查考察企业是否有能力完成勘察设计任务。

(三)编制发售招标文件

1.招标文件的内容

招标人应当根据招标项目的特点和需要编制招标文件。勘察设计招标文件应当包括：投标须知；投标文件格式及主要合同条款；项目说明书，包括资金来源情况；勘察设计范围，对勘察设计进度、阶段和深度的要求；勘察设计基础资料；勘察设计费用支付方式，对未中标人是否给予补偿及补偿标准；投标报价要求；对投标人资格审查的标准；评标标准和方法；投标有效期。

2.招标文件的发售、澄清、修改和异议

投标人应仔细阅读和检查招标文件的全部内容，如发现缺页或附件不全，应及时向招标人提出。如有疑问，应在规定的时间前以书面形式将提出的问题送达招标人，要求招标人对招标文件予以澄清。

招标文件的澄清和修改应发给所有购买招标文件的投标人，澄清或修改发出的时间距投标截止时间不足 15 日且其内容可能影响投标文件编制的，将相应延长投标截止时间。投标人收到澄清和修改内容后，应书面回复招标人确认已收到该澄清和修改。

投标人或者其他利害关系人对招标文件有异议的，应当在投标截止时间 10 日前以书面形式提出。招标人将在收到异议之日起 3 日内做出答复，做出答复前，将暂停招标投标活动。

(四)组织现场踏勘、召开投标预备会

在投标人对招标文件进行研究后，招标人按招标文件规定的时间、地点组织投标人对现场进行考察，部分投标人未按时参加踏勘现场的，不影响踏勘现场的正常进行。踏勘现场发生的费用由投标人自理，拟建项目一般要求与地区文化、环境、景观相协调，所以现场考察对投标人拟订设计方案具有重要意义。对于潜在投标人在分析招标文件和现场踏勘中提出的疑问，招标人可以书面形式或召开投标预备会的方式解答，但需同时将解答以书面形式通知购买招标文件的投标人。该解答的内容为招标文件的组成部分，投标人应按规定派代表出席标前会议。

## 三、建设工程勘察设计招标文件

招标文件既是指导设计单位进行正确投标的依据，也是对投标人提出要求的文件。

(一)投标人须知

工程建设项目勘察设计招标文件的投标人须知中与工程招标有较大区别的是投标保证金的规定、投标补偿费用和奖金设定及支付方式、知识产权的规定等内容。

1. 投标保证金的金额

招标人在招标文件中要求投标人提交投标保证金的，投标保证金不得超过招标项目估算价的 2%，境内投标人以现金或者支票形式提交的投标保证金,应当从其基本账户转出并在投标文件中附上基本账户开户证明。联合体投标的,其投标保证金可以由牵头人递交。

2.投标补偿费用和奖金

投标补偿费用是招标人用以支付给投标人参加招标活动并递交有效投标设计方案的费用补偿,该费用还包括招标人有可能使用未中标的设计方案的使用补偿费用。奖金则是招标人对被评选为优秀设计方案所支付的除投标补偿费用以外的奖励费用。属于按已定工程设计方案选择工程扩初设计和施工图设计单位的,一般不设投标补偿费用和奖金。

3.知识产权的范围及归属

知识产权的规定是工程建设项目设计招标中的特有条款。在设置该条款时,要在避免侵犯他人的知识产权的同时,注意保护自己的知识产权,并注意知识产权的归属问题。

(二)合同条款及格式

1.勘察招标

通用合同条款重点明确提出了勘察人的义务、勘察要求、开始勘察和完成勘察、暂停勘察、勘察文件、勘察责任与保险和设计与施工期间的配合等内容。

2.设计招标

通用合同条款重点明确提出了设计人的义务、设计要求、开始设计和完成设计、暂停设计、设计文件、设计责任和保险及施工期间的配合等内容。

(三)发包人要求

委托人要求应尽可能清晰准确,对于勘察、设计人负责提供的有关服务,在发包人要求中应一并明确规定,发包人要求通常包括以下内容。

1.勘察招标

勘察招标包括发包人要求包括勘察要求、成果文件要求、发包人的财产清单、勘察人需要自备的工作条件等内容。

2.设计招标

设计招标包括发包人要求包括设计要求、成果文件要求、发包人的财产清单和设计人需要自备的工作条件等。

(四)勘察纲要

勘察招标文件中规定勘察纲要应该包括勘察工程概况、勘察范围、勘察内容、勘察依据、勘察工作目标、勘察机构设置(框图)、岗位职责、勘察说明和勘察方案、拟投入的勘察人员、勘察设备、勘察质量、进度、保密等保证措施,勘察安全保证措施,勘察工作重点、难点分析,对本工程勘察的合理化建议等内容。

(五)设计方案

设计招标文件中规定设计方案应该包括设计工程概况、设计范围、设计内容、设计依据、设计工作目标、设计机构设置(框图)、岗位职责、设计说明和设计方案、拟投入的设计人员、设计质量、进度、保密等保证措施,设计安全保证措施,设计工作重点、难点分析,对本工程设计的合理化建议。

(六)附件、附图

工程建设项目设计招标文件中应提供投标人编制投标设计文件的基础性依据资料,如已批准的工程可行性研究报告或项目建议书;可供参考的工程地质、水文地质、工程测量等建设场地勘察成果报告;供水、供电、供气、供热、环保、市政道路等方面的基础资料;城市规划行政管理部门确定的规划控制条件;区位关系图、用地红线图、用地周边规划图、用地区域周边道路图、交通规划图、用地周边市政规划图等。

## 四、建设工程勘察设计投标

(一)投标文件内容

投标文件内容包括方案设计综合说明书、方案设计内容及图纸、预计的项目建设工期、主要的施工技术要求和施工组织方案、工程投资估算和经济分析、设计工作进度计划、勘察设计报价与计算书。勘察设计投标文件由商务文件、技术文件和报价清单三部分组成。

(二)投标报价

在工程勘察设计投标报价决策时,应认真填写勘察设计工作量清单,对于未填写报价的项目，招标人认为该项目的勘察设计费摊入了其他项目中，该项目将得不到单独支付；工作量表中如给出勘察设计工作总量，在计算报价时，应根据组成该总量的各分项分别进行研究。有必要时，分别计算后再合并，以准确计算虽属于同类型，但由于技术难度不一样的勘察设计工作的费用。因此要正确选用勘察设计费计算标准，充分结合市场，了解竞争对手，合理报价。

(三)投标应注意的问题

1.投标人要求

投标人在投标文件有关技术方案和要求中不得指定与工程建设项目有关的重要设备、材料的生产供应者，或者含有倾向或者排斥特定生产供应者的内容。投标人不得以他人名义投标，也不得利用伪造、转让、无效或者租借的资质证书参加投标，或者以任何方式请其他单位在自己编制的投标文件上代为签字盖章，损害国家利益、社会公共利益和招标人的合法权益。投标人不得通过故意压低投资额、降低施工技术要求、减少占地面积或者缩短工期等手段弄虚作假，骗取中标。

2.投标文件的递交、补充、修改或撤回

在提交投标文件截止时间后到招标文件规定的投标有效期终止之前，投标人不得撤销其投标文件，否则招标人可以不退还投标保证金。投标人在投标截止时间前提交的投标文件，补充、修改或撤回投标文件的通知，备选投标文件等，都必须加盖所在单位公章，并且由其法定代表人或授权代表签字，但招标文件另有规定的除外。招标人在接收上述材料时，应检查其密封或签章是否完好，并向投标人出具标明签收人和签收时间的回执。

3.联合体投标

以联合体形式投标的，联合体各方应签订共同投标协议，连同投标文件一并提交招标人。联合体各方不得再单独以自己的名义，或者参加另外的联合体投同一个标。招标人接受联合体投标并进行资格预审的，联合体应当在提交资格预审申请文件前组成，资格预审后，联合体增减、更换成员的，其投标无效。

联合体中标的，应指定牵头人或代表，授权其代表所有联合体成员与招标人签订合同，负责整个合同实施阶段的协调工作。但是，需要向招标人提交由所有联合体成员法定代表人签署的授权委托书。

## 五、建设工程勘察设计开标、评标、定标

### （一）开标

开标应当在招标文件确定的提交投标文件截止日期的同一时间公开进行，开标地点应当为招标文件预先确定的地点。电子标在规定的投标截止时间通过电子招标投标交易平台公开开标，所有投标人的法定代表人或其委托代理人应当准时参加。

开标会议的一般程序如下。

#### 1.检查投标文件的密封情况

检查密封情况，如果投标文件没有密封，或发现曾被拆开过的痕迹，应当被认定为无效的投标，不予宣读。工程勘察设计投标文件的组成按规定为双信封文件，如投标人未提供双信封文件或提供的双信封文件未按规定密封包装，招标人可当场废标。

#### 2.当众拆封确认无误的投标文件

检查确认密封情况后，在监督机构或公证人员的现场监督下，由现场的工作人员当众拆封投标文件第一个信封，在投标截止时间前收到的所有投标文件，招标人不得以任何理由拒绝开封，也不得有选择地进行拆封。

#### 3.唱标宣读投标文件的主要内容

投标人应当众拆封，宣读项目名称、投标人名称、投标保证金的递交情况、投标报价、勘察设计服务期限及其他内容，并记录在案。若招标人唱标宣读的内容与投标文件不符，投标人有权在开标现场提出异议，经监督机关当场核查确认后，招标人可重新唱标宣读其投标文件。若投标人现场未提出异议，则认为投标人已确认招标人唱标宣读的结果。

#### 4.开标过程记录存档

在开标前，主持开标的招标人应当安排人员对开标的整个过程和重

要事项进行记录，并经主持人、监督机关和其他工作人员签字后存档备查。

(二)评标

1. 评标方法

勘察设计评标通常采用综合评估法，评标委员会对通过符合性初审、满足招标文件实质性要求的投标文件，按照招标文件评标办法中详细的评价内容、因素、权重和具体的评分方法进行综合打分评估，并按得分由高到低顺序推荐前1～3名投标人为中标候选人。也可以根据招标人授权直接确定中标人，但投标报价低于其成本的除外。

综合评分相等时，以投标报价低的优先；投标报价也相等的，以勘察纲要或设计方案得分高的优先；如果勘察纲要或设计方案得分也相等，按照评标办法前附表的规定确定中标候选人顺序。

2. 评标因素

评标时虽然需要评审的内容很多，但应侧重于以下几个方面。

(1)设计方案的优劣

设计方案的优劣包括主要评审设计的指导思想，设计方案的先进性，总体布置的合理性，设备选型的适用性，主要建筑物、构筑物的结构合理性，项目规划设计指标，工艺流程及功能分区，技术先进实用性，可持续发展及技术经济指标等问题。

(2)投入产出和经济效益的好坏

投入产出和经济效益的好坏包括建设标准是否合理，投资估算是否可能超过投资限额，实施该方案能够获得的经济效益，实施该方案所需要的外汇额估算，设计费报价的合理性，设计费支付进度、先进的工艺流程可能带来的投标回报等。

(3)设计进度的快慢

投标文件中的实施方案计划是否能满足招标人的要求，尤其是某些大型复杂的建设项目，业主为了缩短项目的建设周期，往往在初步设计完成后就进行施工招标，在施工阶段陆续提供施工图。此时，应重点考察设计进度能否满足业主实施建设项目总体进度计划的要求。

(4)设计资历和社会信誉

没有设置资格预审程序的邀请招标,在评标时应当对设计单位的资历和社会信誉进行评审,作为对各申请投标单位的比较内容之一。考察投标人的勘察设计资质等级、投标人的类似项目勘察设计业绩、投标人拟投入该项目的人员资格业绩情况、勘察设计周期和进度安排等内容。

(三)定标

评标完成后,评标委员会应当向招标人提交书面评标报告和中标候选人名单。招标人根据评标委员会的书面评标报告和推荐的中标候选方案,结合投标人的技术力量和业绩确定中标人。招标人也可以委托评标委员会直接确定中标人,招标人认为评标委员会推荐的所有候选方案均不能最大限度满足招标文件规定要求的,应当依法重新招标。

招标人在收到评标报告之日起 3 日内,于规定公示期限内在规定媒介上公示中标候选人,公示期不得少于 3 天。中标候选人的经营、财务状况发生较大变化或存在违法行为,招标人认为可能影响其履约能力的,将在发出中标通知书前提请原评标委员会按照招标文件规定的标准和方法进行审查确认。

# 第三节　建设工程材料、设备招标投标

## 一、建设工程材料、设备招标概述

(一)基本含义

工程建设项目材料、设备是指用于建设工程的各类设备(如机械、设备、仪器、仪表、办公设备等)和工程材料(包括钢材、水泥、商品混凝土、门窗、管道等),是构成工程不可分割的组成部分,且为实现工程基本功能所必需的。材料设备采购是资金向实物转化成固定资产的方式之一。

工程材料、设备采购是指业主或承包商对所需要的工程材料、设备向供货商进行询价或通过招标的方式选择合格的供货商,并与其达成交易协议，随后按合同实现标的的采购方式材料设备采购不仅包括单纯采购大宗建筑材料和定型生产的中小型设备等，而且还包括按照工程项目要求进行的材料设备的综合采购、运输、安装、调试等实施阶段的全过程工作。建设工程材料、设备招标要根据整个工程建设项目对材料设备的需求目标进行招标策划和组织实施材料设备招标主要考虑使用功能、技术标准、质量、价格、服务和交货期等主要因素，其中性价比是多数招标人考虑的主要因素。

(二)材料、设备招标采购的范围

材料设备招标的范围主要包括建设工程中所需要的大量建材、工具、用具、机械设备、电气设备等，这些材料设备约占工程合同总价的60%以上，大致可以划分为工程用料、暂设工程用料、施工用料、工程机械、正式工程中的机电设备和其他辅助办公和试验设备等。

由于材料设备招投标中涉及物资的最终使用者不仅有业主，还包括承包商或分包商，所以材料设备的采购主体既可以是业主，也可以是承包商或分包商。因此，对于材料设备应当进一步划分，决定哪些由承包商自己采购供应，哪些拟交给各分包商供应，哪些将由业主自行供给。属于承包商应予供应范围的，再进一步研究哪些可由其他工地调运，如某些大型施工机具设备、仪器甚至部分暂设工程等，哪些要由本工程采购，这样才能最终确定由各方采购的材料设备的范围。

(三)材料、设备招标人

工程建设项目材料、设备招标人是依法提出招标项目、进行招标的法人或者其他组织。工程建设项目货物招标投标活动，依法由招标人负责。工程建设项目招标人对项目实行总承包招标时，未包括在总承包范围内的货物达到国家规定规模标准的，应当由工程建设项目招标人依法组织招标。工程建设项目招标人对项目实行总承包招标时，以暂估价形式包括在总承包范围内的货物达到国家规定规模标准的，应当由总承包中标人和工程建设项目招标人共同依法组织招标。双方当事人的风险和责任承担由合同约定工程建设项目招标人或者总承包中标人可委托依法取得资质的招标代理机构承办招标代理业务。招标代理服务收费实行政府指导价。招标代理服务费用应当由招标人支付;招标人、招标代理机构与投标人另有约定的,从其约定。

(四)材料、设备招标采购的方式

在我国境内进行与工程建设有关的重要设备、材料等的采购,必须进行招标。为工程项目采购材料、设备而选择供应商并与其签订物资购销合同或加工订购合同,可以采用招标采购、询价采购和直接订购三种方式。

(五)材料、设备招标采购的特点

工程建设项目材料、设备招标投标活动应当遵循公开、公平、公正和诚实信用的原则,材料、设备招标投标活动不受地区或者部门的限制。材料、设备招标投标主要有以下三个特点。

第一,材料、设备招标是实物招标,招标人看重的是投标人提供的材料、设备的性能和质量;勘察设计招标是服务招标,招标人看重的是投标人的服务能力和水平。

第二,材料、设备招标采购在建设工程项目中所占比重较大,从控制工程质量和工程造价的角度出发,招标人往往会将材料、设备单独列出进行招标采购。

第三,材料、设备存在同一型号、同一标准的情况,如代理商投标和生产商投标等问题,与施工招标和勘察设计招标也存在很大不同。

## 二、建设工程材料、设备采购招标的程序

(一)材料、设备招标采购的基本程序

建设工程材料、设备采购是为了保证产品质量、缩短建设工期、降低工程造价、提高投资效益,建设工程的大型设备、大宗材料均采用招标的方式采购。在我国境内进行与工程建设有关的重要设备、材料等的采购,必须进行招标。

(二)招标准备

1.信息资料的准备

正式招标之前,需进行一些前期信息材料的准备编制招标文件,确定

评标原则工作。

第一，了解、掌握建设项目立项的进展情况，项目的目的与要求，国家关于招标投标的具体规定。招标代理供应商资格审查机构应向业主了解工程进行情况，并向业主介绍招标的经验、以往取得的成果，介绍招标工作方法、程序和招标发售招标文件，进行技术交底和答疑工作安排等内容。

第二，收集拟采购设备、材料的相关信息，这些信息包括哪些厂家生产同类产品，货物的知识产权、技术装配、生产工艺、销售价格、付款方式，在哪些单位使用过，性能是否稳定，售后服务和配件供应是否到位，生产厂现场考察家的经营理念、生产规模、管理情况、信誉好坏等。充分利用现代网络和通信技术的优势，广泛了解相关信息，授予合同为招标采购工作打好基础。

2. 材料、设备采购标段的划分

由于材料、设备的种类繁多，不可能有一个能够安全生产或供应工程所用材料、设备的制造商或供应商存在，所以不论是以招标、询价还是直接订购的方式采购材料、设备，都不可避免地要遇到分标的问题。每次招标时可以根据材料、设备的性质只发一个合同包或分成几个合同包同时招标。材料、设备采购分标的原则是标段划分要有利于吸引更多的投标人参加竞标，以达到降低价格、保证供货时间和质量的目的。分标时需要考虑的因素主要有以下方面。

(1)招标项目的规模

根据工程项目所需材料设备之间的关系、预计金额的大小进行分标。如果标段划分得过大，一般中小供货商无力问津，有实力参与竞争的承包商数量将会减少，可能会引起投标报价的增加；反之，如果标段分得过小，虽可以吸引众多的供货商，但很难吸引实力较强的供货商的兴趣，尤其是外国供货商来参加投标，同时会增大招标、评标的工作量。因此招标的规模大小要恰当，既要吸引更多的供货商参与投标竞争，又要便于买方挑选，发挥各个供货商的专长，并有利于合同履行过程中的管理。

(2)材料设备的性质和质量要求

工程项目建设所需的物资、材料、设备，可划分为通用产品和专用产品两大类。通用产品可有较多的供货商参与竞争，而专用产品由于对货物的性能和质量有特殊要求，则应按行业来划分。对于成套设备，为了保证零备件的标准化和机组连接性能，最好只划分为一个标，由某一供货商来承包。在既要保证质量又要降低造价的原则下，凡国内制造厂家可以达到技术要求的设备，应单列一个标进行国内招标；国内制造有困难的设备，则需进行国际招标。

(3)工程进度与供货时间

按时供应质量合格的材料设备是工程项目能够正常执行的物质保证。应以供货进度计划满足施工进度计划要求为原则，综合考虑资金、制造周期、运输、仓储能力等条件进行分标，以降低成本，既不能延误施工的需要，也不应过早提前到货。过早到货虽然对施工需要有保证，但它会影响资金的周转以及额外支出对货物的保管与保养费用。

(4)供货地点

如果工程的施工点比较分散，则所需货物的供货地点也势必分散，因此应根据外部和当地供货商的供货能力、运输条件、仓储条件等进行分标，以利于保证供应和降低成本。

(5)市场供应情况

大型工程建设需要大量建筑材料和较多的设备，如果一次采购可能会因需求过大而引起价格上涨，则应合理计划，分批采购。

(6)资金来源

由于工程项目建设投资来源多元化，应考虑资金的到位情况和周转计划，合理分标分项采购。当贷款单位对采购有不同要求时，应根据要求合理分标，以吸引更多的供货商参加投标。

### (三)发布招标公告

采用公开招标方式的，招标人应当依法必须进行货物招标的招标公告，应当在国家指定的报刊或者信息网络上发布。采用邀请招标方式的，招标人应当向三家以上具备货物供应能力、资信良好的特定法人或者其他组织发出投标邀请书。

对招标文件或者资格预审文件的收费应当合理,不得以营利为目的。招标人可以通过信息网络或者其他媒介发布招标文件,通过信息网络或者其他媒介发布的招标文件与书面招标文件具有同等法律效力,出现不一致时,以书面招标文件为准,但法律、行政法规或者招标文件另有规定的除外。

信息发布的通常做法是在指定的公开发行的报刊或媒体上刊登采购公告,或者将有关公告直接送达有关供应商。如果是小额货物采购,一般不必发布采购信息,可直接与供应商联系,向供应商询价;如果是国际性招标采购,则应该在国际性的刊物上刊登招标公告,或将招标公告送交有可能参加投标的国家在当地的大使馆或代表处。随着科技的不断进步,越来越多的政府都实行网上采购,并将采购信息发布在互联网的采购信息网站上。

(四)进行资格审查

投标人是响应招标、参加投标竞争的法人或者其他组织。法定代表人为同一个人的两个及两个以上法人,母公司、全资子公司及其控股公司,都不得在同一材料、设备招标中同时投标。一个制造商对同一品牌同一型号的材料、设备,仅能委托一个代理商参加投标,否则应作为废标处理。

两个以上法人或者其他组织可以组成一个联合体,以一个投标人的身份共同投标。联合体各方签订共同投标协议后,不得再以自己的名义单独投标,也不得组成或参加其他联合体在同一项目中投标,否则作为废标处理。

招标人可以根据招标材料、设备的特点和需要,对潜在投标人或者投标人进行资格审查。资格审查分为资格预审和资格后审,资格预审是招标人在出售招标文件或者发出投标邀请书前对潜在投标人进行的资格审查,一般适用于潜在投标人较多或者大型、技术复杂的材料、设备的公开招标以及需要公开选择潜在投标人的邀请招标。资格后审是指在开标后对投标人进行的资格审查，一般在评标过程中的初步评审开始时进行，招标人应当在招标文件中详细规定资格审查的标准和方法。招标人在进行资格审查时，不得改变或补充载明的资格审查标准和方法，或者以没有载明的资格审查标准和方法对潜在投标人或者投标人进行资格审查。

联合体各方应当在招标人进行资格预审时，向招标人提出组成联合体的申请，没有提出联合体申请的，资格预审完成后，不得组成联合体投标。招标人不得强制资格预审合格的投标人组成联合体。

## 三、建设工程材料、设备招标文件编制

### (一)材料、设备招标文件的组成

招标人应当在招标文件中规定实质性要求和条件，说明不满足其中任何一项实质性要求和条件的投标将被拒绝，并用醒目的方式标明；没有标明的要求和条件在评标时不得作为实质性要求和条件。对于非实质性要求和条件，应规定允许偏差的最大范围、最高项数，以及对这些偏差进行调整的方法。国家对招标材料、设备的技术、标准、质量等有特殊要求的，招标人应当在招标文件中提出相应特殊要求，并将其作为实质性要求和条件。

### (二)材料、设备招标文件的编制

招标文件构成了合同的基本构架，也是评标的依据。

#### 1.投标人须知

投标人须知包括对招标文件的说明和对投标人投标文件的基本要求，评标、定标的基本原则等内容。如招标项目的概况，资金来源和落实情况，招标的范围，交货时间、交货地点，技术性能指标和质量标准，投标截止时间和地点，开标时间和地点等内容。

#### 2.合同条款及格式

(1)材料采购

材料采购招标明确规定了材料的包装、标记、运输、交付、检验和验收

等内容。

(2)设备采购

设备采购招标明确规定了设备的监造及交货前检验,包装和标记,运输和交付,开箱检验,安装、调试和考核、验收,技术服务等内容。

3. 供货要求

招标人应尽可能清晰准确地提出对材料、设备的需求:对所需材料的名称、规格、数量及单位、交货期、交货地点、质量标准、验收标准、相关服务要求等做出具体说明;对所需设备的名称、规格、数量及单位、交货期、交货地点、技术性能指标、检验考核要求、技术服务和质保期服务要求等做出具体说明。

(三)材料、设备招标文件编制的注意事项

1. 标段划分和分包

招标货物需要划分标包的,招标人应合理划分标包,确定各标包的交货期,并在招标文件中如实载明。招标人允许中标人对非主体货物进行分包的,应当在招标文件中载明。主要设备或者供货合同的主要部分不得要求或者允许分包,除招标文件要求不得改变标准货物的供应商外,中标人经招标人同意改变标准货物的供应商的,不应视为转包和违法分包。

2. 备选投标方案

招标人可以要求投标人在提交符合招标文件规定要求的投标文件外,提交备选投标方案,但应当在招标文件中做出说明,不符合中标条件的投标人的备选投标方案不予考虑。

3. 技术规范要求

招标文件规定的各项技术规格应当符合国家技术法规的规定。招标文件中规定的各项技术规格均不得要求或标明某一特定的专利技术、商标、名称、设计、原产地或供应者等,不得含有倾向或者排斥潜在投标人的其他内容。如果必须引用某一供应者的技术规格才能准确或清楚地说明拟招标货物的技术规格,则应当在参照后面加上“或相当于”的字样。

4.两阶段招标

对无法精确拟订其技术规格的材料、设备，招标人可以采用两阶段招标程序。在第一阶段，招标人可以首先要求潜在投标人提交技术建议，详细阐明货物的技术规格、质量和其他特性。招标人可以与投标人就其建议的内容进行协商和讨论，达成一个统一的技术规格后编制招标文件。在第二阶段，招标人应当向第一阶段提交了技术建议的投标人提供包含统一技术规格的正式招标文件，投标人根据正式招标文件的要求提交包括价格在内的最后投标文件。

## 四、建设工程材料、设备采购招标开标、评标和定标

(一)开标

按照招标文件规定的时间、地点公开开标。开标由招标人组织，邀请上级主管部门监督，公证机关进行现场公证。投标单位派代表参加开标仪式，并对开标结果签字确认。

(二)评标

评标前，应当制定评标程序、方法、标准以及评标纪律。评标应当依据招标文件的规定以及投标文件所提供的内容评议并确定中标单位。在评标过程中，应当平等、公正地对待所有投标者，招标单位不得任意修改招标文件的内容或提出其他附加条件作为中标条件，不得以最低报价作为中标的唯一标准。评标过程中，如有必要可请投标单位对其投标内容做澄清解释。澄清时，不得对投标内容做实质性修改。澄清解释的内容必要时可做书面纪要，经投标单位授权代表签字后，作为投标文件的组成部分。设备招标的评标工作一般不超 10 天，大型项目设备招标的评标工作最多不超过 30 天。

1.评标方法

设备、材料采购评标中可采用综合评估法、经评审的最低投标价法、综合评标价法、全寿命费用评标价法等评标方法。技术简单或技术规格、性能、制作工艺要求统一的货物，一般采用经评审的最低投标价法进行评

标;技术复杂或技术规格、性能、制作工艺要求难以统一的货物,一般采用综合评估法进行评标,最低投标价不得低于成本。

2.评标步骤

评标步骤包括初步评审和详细评审。

初步评审主要由评标委员会根据评标办法的规定对投标文件和投标人提供的有关证明和证件的原件进行初步评审。有一项不符合评审标准的,如投标文件没有对招标文件的实质性要求和条件做出响应,或者对招标文件的偏差超出招标文件规定的偏差范围或最高项数,或者有串通投标、弄虚作假、行贿等违法行为,评标委员会应当否决其投标。

投标报价有算术错误及其他错误的,评标委员会需要要求投标人对投标报价进行修正,修正应遵循一定的原则进行:投标文件中的大写金额与小写金额不一致的,以大写金额为准;总价金额与单价金额不一致的,以单价金额为准,但单价金额小数点有明显错误的除外;投标报价为各分项报价金额之和,投标报价与分项报价的合价不一致的,应以各合价累计数为准,修正投标报价;如果分项报价中存在缺漏项,则视为缺漏项价格已包含在其他分项报价之中。

通过初步评审的投标文件要进行详细评审,对投标文件的商务、技术和报价进行进一步的分析比较,并按评标办法计算出得分高低,排出中标候选人次序。评标委员会发现投标人的报价明显低于其他投标报价,使得其投标报价可能低于其成本的,应当要求该投标人做出书面说明并提供相应的证明材料。投标人不能合理说明或者不能提供相应证明材料的,由评标委员会认定该投标人以低于成本报价竞标,并否决其投标。

3.评标报告

除招标人授权评标委员会直接确定中标人外,评标委员会按照得分由高到低的顺序推荐中标候选人,中标候选人应当限定在1～3人并标明排序。评标委员会完成评标后,应当向招标人提交书面评标报告和中标候选人名单,评标报告由评标委员会全体成员签字。

(三)定标

1.现场考察

现场考察的目的就是对投标人的投标文件内容进行详细核实,确保设备万无一失。采购人应成立由采购人代表、技术专家等人员组成的考察组，按评标委员会推荐的中标候选人顺序进行实地考察，考察内容包括资质证件、原材料采购程序、生产工艺、质量控制、售后服务情况等。如排序第一的中标候选人通过考察，则不再对其他的中标候选人进行考察，否则，要继续对排序第二的中标候选人进行考察，依此类推。考察结束后，考察组要书写考察情况报告，并由考察组成员签字确认。

2.确定中标人

评标委员会提出书面评标报告后，招标人一般应当在15日内确定中标人，但最迟应当在投标有效期结束日30个工作日前确定。使用国有资金投资或者国家融资的项目，招标人应当确定排名第一的中标候选人为中标人。排名第一的中标候选人放弃中标、因不可抗力提出不能履行合同，或者招标文件规定应当提交履约保证金而在规定的期限内未能提交的，招标人可以确定排名第二的中标候选人为中标人。排名第二的中标候选人因前款规定的同样原因不能签订合同的，招标人可以确定排名第三的中标候选人为中标人。

3.发出中标通知书

招标人不得向中标人提出压低报价、增加配件或者售后服务量以及其他超出招标文件规定的违背中标人意愿的要求，以此作为发出中标通知书和签订合同的条件。

中标通知书由招标人发出，也可以委托其招标代理机构发出。中标通知书对招标人和中标人具有法律效力。中标通知书发出后，招标人改变中标结果的，或者中标人放弃中标项目的，应当依法承担法律责任。

4.签订书面合同

招标人和中标人应当自中标通知书发出之日起30日内，按照招标文件和中标人的投标文件订立书面合同。招标人和中标人不得再行订立背离合同实质性内容的其他协议。

招标文件要求中标人提交履约保证金或者其他形式履约担保的，中标人应当提交；拒绝提交的，视为放弃中标项目。招标人要求中标人提供履约保证金或其他形式履约担保的，招标人应当同时向中标人提供货物款支付担保。

5.招标投标情况的书面报告

依法必须进行货物招标的项目，招标人应当自确定中标人之日起15日内，向有关行政监督部门提交招标投标情况的书面报告。

## 五、建设工程材料、设备采购投标

### (一)投标文件的组成

投标人应当按照招标文件的要求编制投标文件。投标文件应当对招标文件提出的实质性要求和条件做出响应。投标文件一般包括七项内容:一是投标函;二是投标一览表;三是技术性能参数的详细描述;四是商务和技术偏差表;五是投标保证金;六是有关资格证明文件;七是招标文件要求的其他内容。

投标人根据招标文件载明的货物实际情况，拟在中标后将供货合同中的非主要部分进行分包的，应当在投标文件中载明。

### (二)投标文件的递交和保管

投标人在招标文件要求提交投标文件的截止时间前，可以补充、修改、替代或者撤回已提交的投标文件，并书面通知招标人，补充、修改的内容为投标文件的组成部分。

在提交投标文件截止时间后，投标人不得补充、修改、替代或者撤回其投标文件。投标人补充、修改、替代投标文件的，招标人不予接受;投标人撤回投标文件的，其投标保证金将被没收。

招标人应妥善保管好已接收的投标文件、修改或撤回通知、备选投标方案等投标资料，并严格保密。

提交投标文件的投标人少于3个的，招标人应当依法重新招标。重新招标后投标人仍少于3个的，必须招标的工程建设项目，报有关行政监督部门备案后可以不再进行招标，或者对两家合格投标人进行开标和评标。

# 第六章 建设工程施工合同和建设工程勘察设计合同

## 第一节 建设工程施工合同概述

### 一、建设工程施工合同的概念和特点

(一)建设工程施工合同的概念

建设工程施工合同是指工程发包人与承包人为完成特定的建筑、安装工程的施工任务,签订的确定双方权利和义务的协议,简称"施工合同",也称建筑安装承包合同。建筑是指对工程进行建造的行为,安装主要是指与工程有关的线路、管道、设备等设施的装配。

建设工程施工合同的当事人是发包人和承包人,双方是平等的民事主体。发包人是指具有工程发包主体资格和支付工程价款能力的当事人以及取得该当事人资格的合法继承人,可以是建设工程的业主,也可以是取得工程总承包资格的总承包人,对合同范围内的工程实施建设时,发包人必须具备组织协调能力。承包人应是具备工程施工承包相应资质和法人资格的,并被发包人接受的合同当事人及其合法继承人,也称施工单位。

(二)建设工程施工合同的特点

1. 合同标的的特殊性

施工合同的标的是特定建筑产品,它不同于一般工业产品,具有这两个特性:一是固定性。建筑产品属于不动产,其基础部分与大地相连,不能移动,这就决定了每个施工合同的标的都是特殊的,相互间具有不可替

代性，同时也决定了施工生产的流动性，施工人员、施工机械必须围绕建筑产品移动。二是由于建筑产品各有其特定的功能要求，其实物形态千差万别，种类繁多，这就形成了建筑产品生产的单件性，即每项工程都有单独的设计和施工方案，即使有的建筑工程可重复采用相同的设计图纸，但因建筑场地不同也必须进行一定的设计修改。

2.合同履行期限的长期性

建筑物的施工结构复杂、体积大、建筑材料类型多、工作量大，因此与一般工业产品的生产相比工期都较长。而合同履行期限肯定要长于施工工期，因为工程建设的施工应当在合同签订后才开始，且需加上合同签订后到正式开工前的一个较长的施工准备时间和工程全部竣工验收后办理竣工结算及保修期的时间。在工程施工过程中，还可能因为不可抗力、工程变更、材料供应不及时等原因导致工期顺延。所有这些情况，决定了施工合同的履行期限具有长期性。

3.合同内容的多样性和复杂性

虽然施工合同的当事人只有两方，但其涉及的主体有多种。与大多数合同相比，施工合同的履行期限长，标的额大，涉及的法律关系(包括劳动关系、保险关系、运输关系等)具有多样性和复杂性，这就要求施工合同的内容尽量详尽、具体、明确和完整。施工合同除了应当具备合同的一般内容外，还应对安全施工、专利技术使用、发现地下障碍物和文物、工程分包、不可抗力、工程设计变更、材料设备的供应、运输、验收等内容作出规定，所有这些都决定了施工合同的内容具有多样性和复杂性。

4.合同监督的严格性

由于施工合同的履行对国家的经济发展、公民的工作和生活都有重大影响，因此，国家对施工合同的监督是十分严格的，具体表现在以下几个方面。

(1)对合同主体监督的严格性

建设工程施工合同的主体一般只能是法人，发包人一般只能是经过批准进行工程项目建设的法人。发包人必须有国家批准的建设工程并落实投资计划，并应当具备一定的协调能力。承包人必须具备法人资格，而且应当具备相应的从事施工的资质。

(2)对合同订立监督的严格性

订立建设工程施工合同必须以国家批准的投资计划为前提，即使是国家投资以外的、以其他方式筹集的投资也要受到当年的贷款规模和批准限额的限制，纳入当年投资规模计划，并经严格程序审批。建设工程施工合同的订立，还必须符合国家关于建设程序的规定。另外，考虑到建设工程的重要性和复杂性，在施工过程中经常会发生影响合同履行的纠纷。

(3)对合同履行监督的严格性

在施工合同的履行过程中，除了合同当事人应当对合同进行严格管理外，工商行政管理机构、金融机构、建设行政主管部门等都要对建设工程施工合同的履行进行严格监督。

## 二、建设工程施工合同的作用

### (一)明确发包人和承包人在施工中的权利和义务

建设工程施工合同一经签订，即具有法律效力。建设工程施工合同明确了发包人和承包人在工程施工中的权利和义务，是双方在履行合同中的行为准则，双方都应以建设工程施工合同作为行为的依据。双方应当认真履行各自的义务，任何一方无权随意变更或解除建设工程施工合同；任何一方违反合同规定的内容，都必须承担相应的法律责任。

### (二)有利于对建设工程施工合同的管理

合同当事人对工程施工的管理应当以建设工程施工合同为依据。同时，有关的国家机关、金融机构对工程施工的监督和管理，建设工程施工合同也是其重要依据。

### (三)有利于建筑市场的培育和发展

培育和发展建筑市场，首先要培育合同意识。推行建筑监督制度、实行招标投标制度等都是以签订建设工程施工合同为基础的。因此，不建立建设工程施工合同管理制度，建筑市场的培育和发展将无从谈起。

(四)进行监理的依据和推行监理制度的需要

建设监理制度是工程建设管理专业化、社会化的结果。在这一制度中,行政干涉的作用被淡化了,建设单位、施工单位、监理单位三者之间的关系是通过工程建设监理合同和施工合同来确定的,监理单位对工程建设进行监理是以订立建设工程施工合同为前提和基础的。

## 三、建设工程施工合同的订立

(一)订立施工合同应具备的条件

订立施工合同应具备五个条件:初步设计已经批准;工程项目已经列入年度建设计划;有能够满足施工需要的设计文件和有关技术资料;建设资金和主要建筑材料设备来源已经落实;招投标工程的中标通知书已经下达。

(二)建设工程施工合同订立应当遵循的原则

1.遵守国家法律、法规和国家计划原则

订立施工合同,不仅要遵循国家法律、法规,也应遵守国家的建设计划和其他计划。建设工程施工对经济发展、社会生活有多方面的影响,国家有许多强制性的管理规定,施工合同当事人都必须遵守。

2.平等、自愿、公平的原则

施工合同当事人双方都具有平等的法律地位,任何一方都不得强迫对方接受不平等的合同条件。当事人有权决定是否订立施工合同和施工合同的内容,合同内容应当是双方当事人真实意思的体现。合同的内容应当是公平的,不能损害一方的利益。对于显失公平的施工合同,当事人一方有权申请人民法院或者仲裁机构予以变更或者撤销。

3.诚实信用原则

诚实信用原则要求在订立施工合同时要诚实,不得有欺诈行为,合同当事人应当如实将自身情况和工程情况介绍给对方。在履行合同时,合同当事人应严守信用,认真履行义务。

(三)订立施工合同的程序

施工合同的订立也应经过要约和承诺两个阶段。承发包双方将协商一致的内容以书面形式确立施工合同,订立方式有两种:直接发包和间接发包。如果没有特殊情况,工程建设的施工都应通过招标投标确定施工企业。

中标通知书发出后,中标的施工企业应当与建设单位及时签订合同。中标通知书发出30天内,中标单位应与建设单位依据招标文件、投标书等签订工程承发包合同(施工合同)。签订合同的必须是中标的施工企业,投标书中已确定的合同条款在签订时不得更改,合同价应与中标价相一致。如果中标施工企业拒绝与建设单位签订合同,则建设单位将不再返还其投标保证金(如果是由银行等金融机构出具投标担保的,则投标保函出具者应当承担相应的保证责任),建设行政主管部门或其授权机构还可给予一定的行政处罚。

(四)施工合同文件的组成

施工合同文件的组成包括:双方签署的合同协议书;中标通知书;投标书及其附件;本合同专用条款。专用条款是结合具体工程实际,经双方协商达成一致的条款,其条款号与通用条款相同,是对通用条款相关内容的具体化、补充或修改;本合同通用条款。通用条款是根据法律、法规和规章的规定及建设工程施工的需要制定的,通用于建设工程施工的条款,它代表我国的工程施工惯例;本工程所适用的标准、规范及有关技术文件;图纸。指由发包人提供或承包人提供经工程师批准,满足承包人施工需要的所有图纸(包括配套说明和有关资料)。发包人应按专用条款约定的日期和套数,向承包人提供图纸。若发包人对工程有保密要求,应在专用条款中提出,保密措施费用由发包人承担。承包人履行规定的保密义务。承包人未经发包人同意,不得将本工程图纸转给第三人。承包人应在施工现场保留一套完整图纸,供工程师及有关人员使用;工程量清单;工程报价单或预算书。

合同履行中双方有关工程的洽商、变更等书面协议或文件也作为合同的组成部分。

上述合同文件应能相互解释、互为说明。当合同文件出现含糊不清或不相一致时，由双方协商解决。双方也可以提请负责监理的工程师作出解释，如仍不一致，可以按合同争执的规定处理。合同正本两份，具有同等效力，由合同双方分别保存一份。副本份数，由双方根据需要在专用条款内约定。

## 第二节 建设工程施工合同的主要内容

### 一、一般约定

(一)词语定义与解释

通用条款赋予了合同协议书、通用合同条款、专用合同条款中列出的下列词语的含义。

1. 合同文件

合同是指根据法律规定和合同当事人约定具有约束力的文件，构成合同的文件包括合同协议书、中标通知书(如果有)、投标函及其附录(如果有)、专用合同条款及其附件、通用合同条款、技术标准和要求、图纸、已标价工程量清单或预算书以及其他合同文件。

合同协议书是指构成合同的由发包人和承包人共同签署的称为“合同协议书”的书面文件。中标通知书是指构成合同的由发包人通知承包人中标的书面文件。投标函是指构成合同的由承包人填写并签署的用于投标的称为“投标函”的文件。投标函附录是指构成合同的附在投标函后的称为“投标函附录”的文件。技术标准和要求是指构成合同的施工应当遵守的或指导施工的国家、行业或地方的技术标准和要求以及合同约定的技术标准和要求。图纸是指构成合同的图纸，包括由发包人按照合同约定提供或经发包人批准的设计文件、施工图、鸟瞰图及模型等以及在合同履行过程中形成的图纸文件，图纸应当按照法律规定审查合格。已标价工程量清单是指构成合同的由承包人按照规定的格式和要求填写并标明价格的工程量清单，包括说明和表格。预算书是指构成合同的由承包人按照发包人规定的格式和要求编制的工程预算文件。其他合同文件是指经合同当事人约定的与工程施工有关的具有合同约束力的文件或书面协议，合同当事人可以在专用合同条款中进行约定。

2.合同当事人及其他相关方

合同当事人是指发包人和(或)承包人。发包人是指与承包人签订合同协议书的当事人及取得该当事人资格的合法继承人。承包人是指与发包人签订合同协议书的，具有相应工程施工承包资质的当事人及取得该当事人资格的合法继承人。监理人是指在专用合同条款中指明的，受发包人委托按照法律规定进行工程监督管理的法人或其他组织。设计人是指在专用合同条款中指明的，受发包人委托负责工程设计并具备相应工程设计资质的法人或其他组织。分包人是指按照法律规定和合同约定，分包部分工程或工作，并与承包人签订分包合同的具有相应资质的法人。发包人代表是指由发包人任命并派驻施工现场在发包人授权范围内行使发包人权利的人。项目经理是指由承包人任命并派驻施工现场，在承包人授权范围内负责合同履行，且按照法律规定具有相应资格的项目负责人。总监理工程师是指由监理人任命并派驻施工现场进行工程监理的总负责人。

3.工程和设备

工程是指与合同协议书中工程承包范围对应的永久工程和(或)临时工程。永久工程是指按合同约定建造并移交给发包人的工程，包括工程设备。临时工程是指为完成合同约定的永久工程所修建的各类临时性工程，不包括施工设备。单位工程是指在合同协议书中指明的，具备独立施工条件并能形成独立使用功能的永久工程。工程设备是指构成永久工程的机电设备、金属结构设备、仪器及其他类似的设备和装置。施工设备是指为完成合同约定的各项工作所需的设备、器具和其他物品，但不包括工程设备、临时工程和材料。施工现场是指用于工程施工的场所以及在专用合同条款中指明作为施工场所组成部分的其他场所,包括永久占地和临时占地。临时设施是指为完成合同约定的各项工作所服务的临时性生产和生活设施。永久占地是指专用合同条款中指明为实施工程需永久占用的土地。临时占地是指专用合同条款中指明为实施工程需要临时占用的土地。

4.日期和期限

开工日期包括计划开工日期和实际开工日期。计划开工日期是指合同协议书约定的开工日期;实际开工日期是指监理人按照该通用条款〔开工通知〕约定发出的符合法律规定的开工通知中载明的开工日期。

竣工日期包括计划竣工日期和实际竣工日期。计划竣工日期是指合同协议书约定的竣工日期;实际竣工日期按照该通用条款〔竣工日期〕的约定确定。

工期是指在合同协议书约定的承包人完成工程所需的期限,包括按照合同约定所作的期限变更。缺陷责任期是指承包人按照合同约定承担缺陷修复义务,且发包人预留质量保证金的期限,自工程实际竣工日期起计算。保修期是指承包人按照合同约定对工程承担保修责任的期限,从工程竣工验收合格之日起计算。基准日期招标发包的工程以投标截止日前 28 天的日期为基准日期,直接发包的工程以合同签订日前 28 天的日期为基准日期。天除特别指明外,均指日历天。合同中按天计算时间的,开始当天不计入,从次日开始计算,期限最后一天的截止时间为当天的 24:00。

5.合同价格和费用

签约合同价是指发包人和承包人在合同协议书中确定的总金额,包括安全文明施工费、暂估价及暂列金额等。合同价格是指发包人用于支付承包人按照合同约定完成承包范围内全部工作的金额,包括合同履行过程中按合同约定发生的价格变化。费用是指为履行合同所发生的或将要发生的所有必需的开支,包括管理费和应分摊的其他费用,但不包括利润。

暂估价是指发包人在工程量清单或预算书中提供的用于支付必然发生但暂时不能确定价格的材料、工程设备的单价、专业工程以及服务工作的金额。暂列金额是指发包人在工程量清单或预算书中暂定并包括在合同价格中的一笔款项，用于工程合同签订时尚未确定或者不可预见的所需材料、工程设备、服务的采购，施工中可能发生的工程变更、合同约定调整因素出现时的合同价格调整以及发生的索赔、现场签证确认等的费用。计日工是指合同履行过程中，承包人完成发包人提出的零星工作或需要采用计日工计价的变更工作时，按合同中约定的单价计价的一种方式。质量保证金是指按照通用条款〔质量保证金〕约定承包人用于保证其在缺陷责任期内履行缺陷修补义务的担保。总价项目是指在现行国家、行业以及地方的计量规则中无工程量计算规则，在已标价工程量清单或预算书中以总价或以费率形式计算的项目。

6.其他

书面形式是指合同文件、信函、电报、传真等可以有形地表现所载内容的形式。

(二)标准和规范

适用于工程的国家标准、行业标准、工程所在地的地方性标准以及相应的规范、规程等，合同当事人有特别要求的，应在专用合同条款中约定。

发包人要求使用国外标准、规范的，发包人负责提供原文版本和中文译本，并在专用合同条款中约定提供标准规范的名称、份数和时间。

发包人对工程的技术标准、功能要求高于或严于现行国家、行业或地方标准的，应当在专用合同条款中予以明确。除专用合同条款另有约定外，应视为承包人在签订合同前已充分预见前述技术标准和功能要求的复杂程度，签约合同价中已包含由此产生的费用。

(三)图纸和承包人文件

1.图纸的提供和交底

发包人应按照专用合同条款约定的期限、数量和内容向承包人免费提供图纸，并组织承包人、监理人和设计人进行图纸会审和设计交底。发包人至迟不得晚于该通用条款〔开工通知〕载明的开工日期前14天向承包人提供图纸。

因发包人未按合同约定提供图纸导致承包人费用增加和(或)工期延误的,按照该通用条款〔因发包人原因导致工期延误〕约定执行。

2.图纸的错误

承包人在收到发包人提供的图纸后,发现图纸存在差错、遗漏或缺陷的,应及时通知监理人。监理人接到该通知后,应附具相关意见并立即报送发包人,发包人应在收到监理人报送的通知后的合理时间内作出决定。合理时间是指发包人在收到监理人的报送通知后,尽其努力且不懈怠地完成图纸修改补充所需的时间。

3.图纸的修改和补充

图纸需要修改和补充的,应经图纸原设计人及审批部门同意,并由监理人在工程或工程相应部位施工前将修改后的图纸或补充图纸提交给承包人,承包人应按修改或补充后的图纸施工。

4.承包人文件

承包人应按照专用合同条款的约定提供应当由其编制的与工程施工有关的文件,并按照专用合同条款约定的期限、数量和形式提交监理人,并由监理人报送发包人。

除专用合同条款另有约定外,监理人应在收到承包人文件后7天内审查完毕,监理人对承包人文件有异议的,承包人应予以修改,并重新报送监理人。监理人的审查并不减轻或免除承包人根据合同约定应当承担的责任。

5.图纸和承包人文件的保管

除专用合同条款另有约定外,承包人应在施工现场另外保存一套完整的图纸和承包人文件,供发包人、监理人及有关人员进行工程检查时使用。

(四)联络

与合同有关的通知、批准、证明、证书、指示、指令、要求、请求、同意、意见、确定和决定等，均应采用书面形式，并应在合同约定的期限内送达接收人和送达地点。

发包人和承包人应在专用合同条款中约定各自的送达接收人和送达地点。任何一方合同当事人指定的接收人或送达地点发生变动的，应提前3天以书面形式通知对方。

发包人和承包人应当及时签收另一方送达地点和指定接收人的来往信函。拒不签收的，由此增加的费用和（或）延误的工期由拒绝接收一方承担。

（五）化石、文物

在施工现场发掘的所有文物、古迹以及具有地质研究或考古价值的其他遗迹、化石、钱币或物品属于国家所有。一旦发现上述文物，承包人应采取合理有效的保护措施，防止任何人员移动或损坏上述物品，并立即报告有关政府行政管理部门，同时通知监理人。

发包人、监理人和承包人应按有关政府行政管理部门要求采取妥善的保护措施，由此增加的费用和（或）延误的工期由发包人承担。

承包人发现文物后不及时报告或隐瞒不报，致使文物丢失或损坏的，应赔偿损失，并承担相应的法律责任。

（六）交通运输

1. 出入现场的权利

除专用合同条款另有约定外，发包人应根据施工需要，负责取得出入施工现场所需的批准手续和全部权利以及取得因施工所需修建道路、桥梁及其他基础设施的权利，并承担相关手续费用和建设费用。承包人应协助发包人办理修建场内外道路、桥梁，以及其他基础设施的手续。

承包人应在订立合同前查勘施工现场，并根据工程规模及技术参数合理预见工程施工所需的进出施工现场的方式、手段、路径等，因承包人未合理预见所增加的费用和（或）延误的工期由承包人承担。

2. 场外交通

发包人应提供场外交通设施的技术参数和具体条件，承包人应遵守有关交通法规，严格按照道路和桥梁的限制荷载行驶，执行有关道路限速、限行、禁止超载的规定，并配合交通管理部门的监督和检查。场外交通设施无法满足工程施工需要的，由发包人负责完善并承担相关费用。

3.场内交通

发包人应提供场内交通设施的技术参数和具体条件，并应按照专用合同条款的约定向承包人免费提供满足工程施工所需的场内道路和交通设施。因承包人的原因而造成上述道路或交通设施损坏的，承包人负责修复并承担由此增加的费用。

除发包人按照合同约定提供的场内道路和交通设施外，承包人负责修建、维修、养护和管理施工所需的其他场内临时道路和交通设施。发包人和监理人可以为实现合同目的使用承包人修建的场内临时道路和交通设施，场外交通和场内交通的边界由合同当事人在专用合同条款中约定。

4.超大件和超重件的运输

由承包人负责运输的超大件或超重件，应由承包人负责向交通管理部门办理申请手续，发包人给予协助。运输超大件或超重件所需的道路和桥梁临时加固改造费用和其他有关费用，由承包人承担，但专用合同条款另有约定的除外。

5.道路和桥梁的损坏责任

因承包人运输造成施工场地内外公共道路和桥梁损坏的，由承包人承担修复损坏的全部费用和可能引起的赔偿。

以上各项内容适用于水路运输和航空运输，其中“道路”一词的含义包括河道、航线、船闸、机场、码头、堤防，以及水路或航空运输中其他相似结构物。

(七)承包人

除专用合同条款另有约定外，发包人提供给承包人的图纸、发包人为实施工程自行编制或委托编制的技术规范，以及反映发包人要求的或其他类似性质的文件的著作权属于发包人，承包人可以为实现合同目的而复制、使用此类文件，但不能用于与合同无关的其他事项。未经发包人书面同意，承包人不得为了合同以外的目的而复制、使用上述文件或将之提供给任何第三方。

除专用合同条款另有约定外，承包人为实施工程所编制的文件，除署名权以外的著作权属于发包人，承包人可因实施工程的运行、调试、维修、改造等目的而复制、使用此类文件，但不能用于与合同无关的其他事项。未经发包人书面同意，承包人不得为了合同以外的目的而复制、使用上述文件或将之提供给任何第三方。

合同当事人保证在履行合同过程中不侵犯对方及第三方的知识产权。承包人在使用材料、施工设备、工程设备或采用施工工艺时，因侵犯他人的专利权或其他知识产权所引起的责任，由承包人承担；因发包人提供的材料、施工设备、工程设备或施工工艺导致侵权的责任，由发包人承担。

除专用合同条款另有约定外，承包人在合同签订前和签订时已确定采用的专利、专有技术、技术秘密的使用费已包含在签约合同价中。

(八)保密

除法律规定或合同另有约定外，未经发包人同意，承包人不得将发包人提供的图纸、文件以及声明需要保密的资料信息等商业秘密泄露给第三方。

除法律规定或合同另有约定外，未经承包人同意，发包人不得将承包人提供的技术秘密及声明需要保密的资料信息等商业秘密泄露给第三方。

## 二、发包人主要工作

(一)获得许可或批准

发包人应遵守法律，并办理法律规定由其办理的许可、批准或备案，包括但不限于建设用地规划许可证、建设工程规划许可证、建设工程施工许可证、施工所需临时用水、临时用电、中断道路交通、临时占用土地等许可和批准。发包人应协助承包人办理法律规定的有关施工证件和批件。

因发包人原因未能及时办理完毕前述许可、批准或备案，由发包人承担由此增加的费用和(或)延误的工期，并支付承包人合理的利润。

(二)派驻发包人代表

发包人应在专用合同条款中明确其派驻施工现场的发包人代表的姓名、职务、联系方式及授权范围等事项。发包人代表在发包人的授权范围内,负责处理合同履行过程中与发包人有关的具体事宜,发包人代表在授权范围内的行为由发包人承担法律责任。发包人更换发包人代表的,应提前7天书面通知承包人,发包人代表不能按照合同约定履行其职责及义务,并导致合同无法继续正常履行的,承包人可以要求发包人撤换发包人代表。

不属于法定必须监理的工程,监理人的职权可以由发包人代表或发包人指定的其他人员行使。

(三)派驻发包人员

发包人应要求在施工现场的发包人员遵守法律及有关安全、质量、环境保护、文明施工等规定,并保障承包人免于承受因发包人员未遵守上述要求给承包人造成的损失和责任。发包人员包括发包人代表及其他由发包人派驻施工现场的人员。

(四)提供施工现场和基础资料

1.提供施工现场

除专用合同条款另有约定外,发包人应最迟于开工日期7天前向承包人移交施工现场。

2.提供基础资料

发包人应当在移交施工现场前向承包人提供施工现场及工程施工所必需的毗邻区域内供水、排水、供电、供气、供热、通信、广播电视等地下管线资料,气象和水文观测资料,地质勘察资料,相邻建筑物、构筑物和地下工程等有关基础资料,并对所提供资料的真实性、准确性和完整性负责。

按照法律规定确需在开工后方能提供的基础资料,发包人应尽其努力及时地在相应工程施工前的合理期限内提供,合理期限应以不影响承包人的正常施工为限。

(五)资金来源证明及支付担保

除专用合同条款另有约定外,发包人应在收到承包人要求提供资金来源证明的书面通知后28天内，向承包人提供能够按照合同约定支付合同价款的相应资金来源证明。

除专用合同条款另有约定外，发包人要求承包人提供履约担保的，发包人应当向承包人提供支付担保。支付担保可以采用银行保函或担保公司担保等形式，具体由合同当事人在专用合同条款中约定。

## 三、承包人义务和主要工作

### (一)承包人的一般义务

承包人在履行合同过程中应遵守法律和工程建设标准规范，履行的义务包括：办理法律规定应由承包人办理的许可和批准，并将办理结果书面报送发包人留存。按法律规定和合同约定完成工程，并在保修期内承担保修义务。按法律规定和合同约定采取施工安全和环境保护措施，办理工伤保险，确保工程及人员、材料、设备和设施的安全。按合同约定的工作内容和施工进度要求，编制施工组织设计和施工措施计划，并对所有施工作业和施工方法的完备性和安全可靠性负责。在进行合同约定的各项工作时，不得侵害发包人与他人使用公用道路、水源、市政管网等公共设施的权利，避免对邻近的公共设施产生干扰。承包人占用或使用他人的施工场地，影响他人作业或生活的，应承担相应责任。按照该通用条款〔环境保护〕约定负责施工场地及其周边环境与生态的保护工作。按照该通用条款〔安全文明施工〕约定采取施工安全措施，确保工程及其人员、材料、设备和设施的安全，防止因工程施工造成的人身伤害和财产损失。将发包人按合同约定支付的各项价款专用于合同工程，且应及时支付其雇用人员工资，并及时向分包人支付合同价款。按照法律规定和合同约定编制竣工资料，完成竣工资料立卷及归档，并按专用合同条款约定的竣工资料的套数、内容、时间等要求移交给发包人。应履行的其他义务。

### (二)项目经理

#### 1.项目经理的任命

项目经理应为合同当事人所确认的人选，并在专用合同条款中明确项目经理的姓名、职称、注册执业证书编号、联系方式及授权范围等事项，项目经理经承包人授权后代表承包人负责履行合同。项目经理应是承包人正式聘用的员工,承包人应向发包人提交项目经理与承包人之间的劳动合同以及承包人为项目经理缴纳社会保险的有效证明。承包人不提交上述文件的,项目经理无权履行职责,发包人有权要求更换项目经理,由此增加的费用和(或)延误的工期均由承包人承担。

2.项目经理的常驻施工现场职责

项目经理应常驻施工现场,且每月在施工现场时间不得少于专用合同条款约定的天数。项目经理不得同时担任其他项目的项目经理。项目经理如需离开施工现场时,应事先通知监理人,并取得发包人的书面同意。项目经理的通知中应当载明临时代行其职责的人员的注册执业资格、管理经验等资料,该人员应具备履行相应职责的能力。

3.紧急情况下的项目经理职责

项目经理按合同约定组织工程实施。在紧急情况下为确保施工安全和人员安全,在无法与发包人代表和总监理工程师及时取得联系时,项目经理有权采取必要的措施保证与工程有关的人身、财产和工程的安全,但应在48小时内向发包人代表和总监理工程师提交书面报告。

4.项目经理的更换

承包人需要更换项目经理的,应提前14天书面通知发包人和监理人,并征得发包人书面同意。通知中应当载明继任项目经理的注册执业资格、管理经验等资料,继任项目经理继续履行前任项目经理约定的职责。未经发包人书面同意,承包人不得擅自更换项目经理。承包人擅自更换项目经理的,应按照专用合同条款的约定承担违约责任。

发包人有权书面通知承包人更换其认为不称职的项目经理,通知中应当载明要求更换的理由。承包人应在接到更换通知后14天内向发包人提出书面的改进报告。发包人收到改进报告后仍要求更换的,承包人应在接到第二次更换通知的28天内进行更换,并将新任命的项目经理的注册执业资格、管理经验等资料书面通知发包人。继任项目经理继续履行前任项目经理约定的职责。承包人无正当理由拒绝更换项目经理的,应按照专用合同条款的约定承担违约责任。

5. 项目经理的授权

项目经理因特殊情况授权其下属人员履行其某项工作职责的，该下属人员应具备履行相应职责的能力，并应提前7天将上述人员的姓名和授权范围书面通知监理人，并征得发包人书面同意。

(三)承包人人员

1. 承包人提交人员名单和信息

除专用合同条款另有约定外，承包人应在接到开工通知后7天内向监理人提交承包人项目管理机构及施工现场人员安排的报告，其内容应包括合同管理、施工、技术、材料、质量、安全、财务等主要施工管理人员名单及其岗位、注册执业资格等以及各工种技术工人的安排情况，并同时提交主要施工管理人员与承包人之间的劳动关系证明和缴纳社会保险的有效证明。

2. 承包人更换主要施工管理人员

承包人派驻到施工现场的主要施工管理人员应相对稳定。施工过程中如有变动，承包人应及时向监理人提交施工现场人员变动情况的报告。承包人更换主要施工管理人员时，应提前7天书面通知监理人并征得发包人书面同意。通知中应当载明继任人员的注册执业资格、管理经验等资料，特殊工种作业人员均应持有相应的资格证明，监理人可以随时检查。

3. 发包人要求撤换主要施工管理人员

发包人对于承包人主要施工管理人员的资格或能力有异议的，承包人应提供资料证明被质疑人员有能力完成其岗位工作或不存在发包人所质疑的情形。发包人要求撤换不能按照合同约定履行职责及义务的主要施工管理人员的，承包人应当撤换。承包人无正当理由拒绝撤换的，应按照专用合同条款的约定承担违约责任。

4. 主要施工管理人员应常驻现场

除专用合同条款另有约定外，承包人的主要施工管理人员离开施工现场每月累计不超过5天的，应报监理人同意；离开施工现场每月累计超过5天的，应通知监理人，并征得发包人书面同意。主要施工管理人员离开施工现场前应指定一名有经验的人员临时代行其职责,该人员应具备履行相应职责的资格和能力,且应征得监理人或发包人的同意。

承包人擅自更换主要施工管理人员,或前述人员未经监理人或发包人同意擅自离开施工现场的,应按照专用合同条款约定承担违约责任。

(四)承包人现场查勘

承包人应对基于发包人按照该通用条款〔提供基础资料〕提交的基础资料所做出的解释和推断负责,但因基础资料存在错误、遗漏导致承包人解释或推断失实的,由发包人承担责任。

承包人应对施工现场和施工条件进行查勘,并充分了解工程所在地的气象条件、交通条件、风俗习惯以及其他与完成合同工作有关的其他资料。因承包人未能充分查勘、了解前述情况或未能充分估计前述情况所可能产生后果的,承包人承担由此增加的费用和(或)延误的工期。

(五)分包的相关约定

1.分包的一般约定

承包人不得将其承包的全部工程转包给第三人,或将其承包的全部工程肢解后以分包的名义转包给第三人。承包人不得将工程主体结构、关键性工作及专用合同条款中禁止分包的专业工程分包给第三人,主体结构、关键性工作的范围由合同当事人按照法律规定在专用合同条款中予以明确。

承包人不得以劳务分包的名义转包或违法分包工程。

2.分包的确定

承包人应按专用合同条款的约定进行分包,确定分包人。已标价工程量清单或预算书中给定暂估价的专业工程,按照该通用条款〔暂估价〕确定分包人。按照合同约定进行分包的,承包人应确保分包人具有相应的资质和能力。工程分包不减轻或免除承包人的责任和义务,承包人和分包人就分包工程向发包人承担连带责任。除合同另有约定外,承包人应在分包合同签订后7天内向发包人和监理人提交分包合同副本。

3.分包管理

承包人应向监理人提交分包人的主要施工管理人员表,并对分包人的施工人员进行实名制管理，包括但不限于进出场管理、登记造册以及各种证照的办理。

4.分包合同价款

(1)除该通用条款〔暂估价〕目约定的情况或专用合同条款另有约定外，分包合同价款由承包人与分包人结算，未经承包人同意，发包人不得向分包人支付分包工程价款。

(2)生效法律文书要求发包人向分包人支付分包合同价款的，发包人有权从应付承包人工程款中扣除该部分款项。

5.分包合同权益的转让

分包人在分包合同项下的义务持续到缺陷责任期届满以后的，发包人有权在缺陷责任期届满前，要求承包人将其在分包合同项下的权益转让给发包人，承包人应当转让。除转让合同另有约定外，转让合同生效后，由分包人向发包人履行义务。

(六)工程照管与成品、半成品保护

在承包人负责照管期间，因承包人原因造成工程、材料、工程设备损坏的，由承包人负责修复或更换，并承担由此增加的费用和(或)延误的工期。

对合同内分期完成的成品和半成品，在工程接收证书颁发前，由承包人承担保护责任。因承包人原因造成成品或半成品损坏的，由承包人负责修复或更换，并承担由此增加的费用和(或)延误的工期。

(七)履约担保

发包人需要承包人提供履约担保的，由合同当事人在专用合同条款中约定履约担保的方式、金额及期限等。履约担保可以采用银行保函或担保公司担保等形式，具体由合同当事人在专用合同条款中约定。

因承包人原因导致工期延长的，继续提供履约担保所增加的费用由承包人承担；非因承包人原因导致工期延长的，继续提供履约担保所增加的费用由发包人承担。

(八)联合体

联合体各方应共同与发包人签订合同协议书，联合体各方应为履行合同向发包人承担连带责任。

联合体协议经发包人确认后作为合同附件，在履行合同过程中，未经发包人同意，不得修改联合体协议。

联合体牵头人负责与发包人和监理人联系，并接受指示，负责组织联合体各成员全面履行合同。

## 四、监理人的一般规定和主要工作

(一)监理人的一般规定

工程实行监理的，发包人和承包人应在专用合同条款中明确监理人的监理内容及监理权限等事项。监理人应当根据发包人授权及法律规定，代表发包人对工程施工相关事项进行检查、查验、审核、验收，并签发相关指示，但监理人无权修改合同，且无权减轻或免除合同约定的承包人的任何责任与义务。

除专用合同条款另有约定外，监理人在施工现场的办公场所、生活场所由承包人提供，所发生的费用由发包人承担。

(二)监理人员

发包人授予监理人对工程实施监理的权利由监理人派驻施工现场的监理人员行使，监理人员包括总监理工程师及监理工程师。监理人应将授权的总监理工程师和监理工程师的姓名及授权范围以书面形式提前通知承包人。更换总监理工程师的，监理人应提前 7 天书面通知承包人；更换其他监理人员，监理人应提前 48 小时书面通知承包人。

(三)监理人的指示

监理人应按照发包人的授权发出监理指示。监理人的指示应采用书面形式，并经其授权的监理人员签字。在紧急情况下，为了保证施工人员的安全或避免工程受损，监理人员可以口头形式发出指示，该指示与书面形式的指示具有同等法律效力，但必须在发出口头指示后 24 小时内补发书面监理指示，补发的书面监理指示应与口头指示一致。

监理人发出的指示应送达承包人项目经理或经项目经理授权接收的人员。因监理人未能按合同约定发出指示、指示延误或发出了错误指示而导致承包人费用增加和(或)工期延误的,由发包人承担相应责任。除专用合同条款另有约定外,总监理工程师不应将该通用条款〔商定或确定〕约定应由总监理工程师作出确定的权力授权或委托给其他监理人员。

承包人对监理人发出的指示有疑问的,应向监理人提出书面异议,监理人应在48小时内对该指示予以确认、更改或撤销,监理人逾期未回复的,承包人有权拒绝执行上述指示。

监理人对承包人的任何工作、工程或其采用的材料和工程设备未在约定的或合理期限内提出意见的,视为批准,但不免除或减轻承包人对该工作、工程、材料、工程设备等应承担的责任和义务。

(四)商定或确定

合同当事人进行商定或确定时,总监理工程师应当会同合同当事人尽量通过协商达成一致,不能达成一致的,由总监理工程师按照合同约定审慎做出公正的确定。

总监理工程师应将确定以书面形式通知发包人和承包人,并附详细依据。合同当事人对总监理工程师的确定没有异议的,按照总监理工程师的确定执行。任何一方合同当事人有异议,按照该通用条款〔争议解决〕约定执行。争议解决前,合同当事人暂按总监理工程师的确定执行;争议解决后,争议解决的结果与总监理工程师的确定不一致的,按照争议解决的结果执行,由此造成的损失由责任人承担。

## 五、施工合同中的其他约定

(一)不可抗力

1.不可抗力的确认

不可抗力是指合同当事人在签订合同时不可预见,在合同履行过程中不可避免且不能克服的自然灾害和社会性突发事件,如地震、海啸、瘟疫和专用合同条款中约定的其他情形。

不可抗力发生后,发包人和承包人应收集证明不可抗力发生及不可抗力造成损失的证据,并及时认真统计所造成的损失。合同当事人对是否属于不可抗力或其损失的意见不一致的,由监理人按该通用条款〔商定或确定〕的约定执行。发生争议时,按该通用条款〔争议解决〕约定执行。

2. 不可抗力的通知

合同一方当事人遇到不可抗力事件,使其履行合同义务受到阻碍时,应立即通知合同另一方当事人和监理人,书面说明不可抗力和受阻碍的详细情况,并提供必要的证明。

不可抗力持续发生的,合同一方当事人应及时向合同另一方当事人和监理人提交中间报告,说明不可抗力和履行合同受阻的情况,并于不可抗力事件结束后 28 天内提交最终报告及有关资料。

3. 不可抗力后果的承担

不可抗力引起的后果及造成的损失由合同当事人按照法律规定及合同约定各自承担。不可抗力发生前已完成的工程应当按照合同约定进行计量支付。

不可抗力导致的人员伤亡、财产损失、费用增加和(或)工期延误等后果,由合同当事人按以下原则承担。

第一,永久工程、已运至施工现场的材料和工程设备的损坏以及因工程损坏造成的第三人人员伤亡和财产损失由发包人承担。

第二,承包人施工设备的损坏由承包人承担。

第三,发包人和承包人承担各自人员伤亡和财产的损失。

第四,因不可抗力影响承包人履行合同约定的义务,已经引起或将引起工期延误的,应当顺延工期,由此导致承包人停工的费用损失由发包人和承包人合理分担,停工期间必须支付的工人工资由发包人承担。

第五,因不可抗力引起或将引起工期延误,发包人要求赶工的,由此增加的赶工费用由发包人承担。

第六,承包人在停工期间按照发包人要求照管、清理和修复工程的费用由发包人承担。

不可抗力发生后,合同当事人均应采取措施尽量避免和减少损失的扩大,任何一方当事人没有采取有效措施导致损失扩大的,应对扩大的损失承担责任。

因合同一方迟延履行合同义务,在迟延履行期间遭遇不可抗力的,不免除其违约责任。

4.因不可抗力解除合同

因不可抗力导致合同无法履行连续超过84天或累计超过140天的，发包人和承包人均有权解除合同。合同解除后，由双方当事人按照该通用条款〔商定或确定〕约定商定或确定发包人应支付的款项，该款项包括：合同解除前承包人已完成工作的价款；承包人为工程订购的并已交付给承包人，或承包人有责任接受交付的材料、工程设备和其他物品的价款；发包人要求承包人退货或因解除订货合同而产生的费用，或因不能退货或解除合同而产生的损失；承包人撤离施工现场以及遣散承包人人员的费用；按照合同约定在合同解除前应支付给承包人的其他款项；扣减承包人按照合同约定应向发包人支付的款项；双方商定或确定的其他款项。

除专用合同条款另有约定外，合同解除后，发包人应在商定或确定上述款项后28天内完成上述款项的支付。

(二)保险

1.工程保险

除专用合同条款另有约定外，发包人应投保建筑工程一切险或安装工程一切险；发包人委托承包人投保的，因投保产生的保险费和其他相关费用由发包人承担。

2.工伤保险

发包人应依照法律规定参加工伤保险，并为在施工现场的全部员工办理工伤保险，缴纳工伤保险费，并要求监理人及由发包人为履行合同聘请的第三方依法参加工伤保险。

承包人应依照法律规定参加工伤保险，并为其履行合同的全部员工办理工伤保险，缴纳工伤保险费，并要求分包人及由承包人为履行合同聘请的第三方依法参加工伤保险。

3.其他保险

发包人和承包人可以为其施工现场的全部人员办理意外伤害保险并支付保险费，包括其员工及为履行合同聘请的第三方的人员，具体事项由合同当事人在专用合同条款约定。

除专用合同条款另有约定外，承包人应为其施工设备等办理财产保险。

4.持续保险

合同当事人应与保险人保持联系，使保险人能够随时了解工程实施中的变动，并确保按保险合同条款要求持续保险。

5.保险凭证

合同当事人应及时向另一方当事人提交其已投保的各项保险的凭证和保险单复印件。

6.未按约定投保的补救

发包人未按合同约定办理保险，或未能使保险持续有效的，则承包人可代为办理，所需费用由发包人承担。发包人未按合同约定办理保险，导致未能得到足额赔偿的，由发包人负责补足。

承包人未按合同约定办理保险，或未能使保险持续有效的，则发包人可代为办理，所需费用由承包人承担。承包人未按合同约定办理保险，导致未能得到足额赔偿的，由承包人负责补足。

7.通知义务

除专用合同条款另有约定外，发包人变更除工伤保险之外的保险合同时，应事先征得承包人同意，并通知监理人；承包人变更除工伤保险之外的保险合同时，应事先征得发包人同意，并通知监理人。

保险事故发生时，投保人应按照保险合同规定的条件和期限及时向保险人报告，发包人和承包人应当在知道保险事故发生后及时通知对方。

(三)索赔

1.承包人的索赔

根据合同约定，承包人认为有权得到追加付款和(或)延长工期的，应按以下程序向发包人提出索赔。

第一，承包人应在知道或应当知道索赔事件发生后28天内，向监理人递交索赔意向通知书，并说明发生索赔事件的事由；承包人未在前述

28天内发出索赔意向通知书的，丧失要求追加付款和(或)延长工期的权利。

第二，承包人应在发出索赔意向通知书后28天内，向监理人正式递交索赔报告；索赔报告应详细说明索赔理由以及要求追加的付款金额和(或)延长的工期，并附必要的记录和证明材料。

第三，索赔事件具有持续影响的，承包人应按合理时间间隔继续递交延续索赔通知，说明持续影响的实际情况和记录，列出累计的追加付款金额和(或)工期延长天数。

第四，在索赔事件影响结束后28天内，承包人应向监理人递交最终索赔报告，说明最终要求索赔的追加付款金额和(或)延长的工期，并附必要的记录和证明材料。

2. 对承包人索赔的处理

第一，监理人应在收到索赔报告后14天内完成审查并报送发包人。监理人对索赔报告存在异议的，有权要求承包人提交全部原始记录副本。

第二，发包人应在监理人收到索赔报告或有关索赔的进一步证明材料后的28天内，由监理人向承包人出具经发包人签认的索赔处理结果。发包人逾期答复的，则视为认可承包人的索赔要求。

第三，承包人接受索赔处理结果的，索赔款项在当期进度款中进行支付；承包人不接受索赔处理结果的，按照该通用条款〔争议解决〕约定执行。

3. 发包人的索赔

根据合同约定，发包人认为有权得到赔付金额和(或)延长缺陷责任期的，监理人应向承包人发出通知并附有详细的证明。

发包人应在知道或应当知道索赔事件发生后28天内通过监理人向承包人提出索赔意向通知书，发包人未在前述28天内发出索赔意向通知书的，丧失要求赔付金额和(或)延长缺陷责任期的权利。发包人应在发出索赔意向通知书后28天内，通过监理人向承包人正式递交索赔报告。

4.对发包人索赔的处理

第一,承包人收到发包人提交的索赔报告后,应及时审查索赔报告的内容、查验发包人证明材料。

第二,承包人应在收到索赔报告或有关索赔的进一步证明材料后 28 天内,将索赔处理结果答复发包人。如果承包人未在上述期限内做出答复的,则视为对发包人索赔要求的认可。

第三,承包人接受索赔处理结果的,发包人可从应支付给承包人的合同价款中扣除赔付的金额或延长缺陷责任期;发包人不接受索赔处理结果的,按该通用条款〔争议解决〕约定执行。

5.提出索赔的期限

(1)承包人按该通用条款〔竣工结算审核〕约定接收竣工付款证书后,应被视为已无权再提出在工程接收证书颁发前所发生的任何索赔。

(2)承包人按该通用条款〔最终结清〕约定提交的最终结清申请单中,只限于提出工程接收证书颁发后发生的索赔。提出索赔的期限自接受最终结清证书时终止。

(四)违约责任

1.发包人违约

(1)发包人违约的情形

在合同履行过程中发生的下列情形,属于发包人违约。

①因发包人原因未能在计划开工日期前 7 天内下达开工通知的。

②因发包人原因未能按合同约定支付合同价款的。

③发包人违反该通用条款〔变更的范围〕第二项约定,自行实施被取消的工作或转由他人实施的。

④发包人提供的材料、工程设备的规格、数量或质量不符合合同约定,或因发包人原因导致交货日期延误或交货地点变更等情况的。

⑤因发包人违反合同约定造成暂停施工的。

⑥发包人无正当理由没有在约定期限内发出复工指示,导致承包人

无法复工的。

⑦发包人明确表示或者以其行为表明不履行合同主要义务的。

⑧发包人未能按照合同约定履行其他义务的。

发包人发生除本项第⑦条以外的违约情况时，承包人可向发包人发出通知，要求发包人采取有效措施纠正违约行为。发包人收到承包人通知后 28 天内仍不纠正违约行为的，承包人有权暂停相应部位工程施工，并通知监理人。

(2)发包人违约的责任

发包人应承担因其违约给承包人增加的费用和(或)延误的工期，并支付承包人合理的利润。此外，合同当事人可在专用合同条款中另行约定发包人违约责任的承担方式和计算方法。

(3)因发包人违约解除合同

除专用合同条款另有约定外，承包人按该通用条款〔发包人违约的情形〕约定暂停施工满 28 天后，发包人仍不纠正其违约行为并致使合同目的不能实现的，或出现该通用条款〔发包人违约的情形〕第⑦条约定的违约情况，承包人有权解除合同，发包人应承担由此增加的费用，并支付承包人合理的利润。

(4)因发包人违约解除合同后的付款

承包人按照本款约定解除合同的，发包人应在解除合同后 28 天内支付下列款项，并解除履约担保。

①合同解除前所完成工作的价款。

②承包人为工程施工订购并已付款的材料、工程设备和其他物品的价款。

③承包人撤离施工现场以及遣散承包人人员的款项。

④按照合同约定在合同解除前应支付的违约金。

⑤按照合同约定应当支付给承包人的其他款项。

⑥按照合同约定应退还的质量保证金。

⑦因解除合同给承包人造成的损失。

合同当事人未能就解除合同后的结清达成一致的，按照该通用条款〔争议解决〕约定执行。

承包人应妥善做好已完工程和与工程有关的已购材料、工程设备的保护和移交工作，并将施工设备和人员撤出施工现场，发包人应为承包人撤出提供必要条件。

2.承包人违约

(1)承包人违约的情形

在合同履行过程中发生的下列情形，属于承包人违约。

①承包人违反合同约定进行转包或违法分包的。

②承包人违反合同约定采购和使用不合格的材料和工程设备的。

③因承包人原因导致工程质量不符合合同要求的。

④承包人违反该通用条款〔材料与设备专用要求〕的约定，未经批准，私自将已按照合同约定进入施工现场的材料或设备撤离施工现场的。

⑤承包人未能按施工进度计划及时完成合同约定的工作，造成工期延误的。

⑥承包人在缺陷责任期及保修期内，未能在合理期限对工程缺陷进行修复，或拒绝按发包人要求进行修复的。

⑦承包人明确表示或者以其行为表明不履行合同主要义务的。

⑧承包人未能按照合同约定履行其他义务的。

承包人发生除本项第⑦条约定以外的其他违约情况时，监理人可向承包人发出整改通知，要求其在指定的期限内改正。

(2)承包人违约的责任

承包人应承担因其违约行为而增加的费用和(或)延误的工期。此外，合同当事人可在专用合同条款中另行约定承包人违约责任的承担方式和计算方法。

(3)因承包人违约解除合同

除专用合同条款另有约定外，出现以上条款〔承包人违约的情形〕第⑦条约定的违约情况时，或监理人发出整改通知后，承包人在指定的合理期限内仍不纠正违约行为并致使合同目的不能实现的，发包人有权解除合同。合同解除后，因继续完成工程的需要，发包人有权使用承包人在施工现场的材料、设备、临时工程、承包人文件和由承包人以其名义编制的其他文件，合同当事人应在专用合同条款约定相应费用的承担方式。发包人继续使用的行为不免除或减轻承包人应承担的违约责任。

(4)因承包人违约解除合同后的处理

因承包人原因导致合同解除的，则合同当事人应在合同解除后 28 天内完成估价、付款和清算，并按以下约定执行。

①合同解除后，按该通用条款〔商定或确定〕约定商定或确定承包人实际完成工作对应的合同价款以及承包人已提供的材料、工程设备、施工设备和临时工程等的价值。

②合同解除后，承包人应支付的违约金。

③合同解除后，因解除合同给发包人造成的损失。

④合同解除后，承包人应按照发包人要求和监理人的指示完成现场的清理和撤离。

⑤发包人和承包人应在合同解除后进行清算，出具最终结清付款证书，结清全部款项。

因承包人违约解除合同的，发包人有权暂停对承包人的付款，查清各项付款和已扣款项。发包人和承包人未能就合同解除后的清算和款项支付达成一致的，按照该通用条款〔争议解决〕约定执行。

(5)采购合同权益转让

因承包人违约解除合同的，发包人有权要求承包人将其为实施合同而签订的材料和设备的采购合同的权益转让给发包人，承包人应在收到解除合同通知后 14 天内，协助发包人与采购合同的供应商达成相关的转让协议。

3. 第三人造成的违约

在履行合同过程中，一方当事人因第三人的原因造成违约的，应当向对方当事人承担违约责任。一方当事人和第三人之间的纠纷，依照法律规定或者按照通用条款约定执行。

(五)争议解决

1.和解

合同当事人可以就争议自行和解,自行和解达成协议的经双方签字并盖章后作为合同补充文件,双方均应遵照执行。

2.调解

合同当事人可以就争议请求建设行政主管部门、行业协会或其他第三方进行调解,调解达成协议的,经双方签字并盖章后作为合同补充文件,双方均应遵照执行。

3.争议评审

合同当事人在专用合同条款中约定采取争议评审方式解决争议以及评审规则,并按下列约定执行。

(1)争议评审小组的确定

合同当事人可以共同选择一名或三名争议评审员,组成争议评审小组。除专用合同条款另有约定外,合同当事人应当自合同签订后 28 天内,或者争议发生后 14 天内,选定争议评审员。

选择一名争议评审员的,由合同当事人共同确定;选择三名争议评审员的,各自选定一名,第三名成员为首席争议评审员,由合同当事人共同确定或由合同当事人委托已选定的争议评审员共同确定,或由专用合同条款约定的评审机构指定第三名首席争议评审员。

除专用合同条款另有约定外,评审员报酬由发包人和承包人各承担一半。

(2)争议评审小组的决定

合同当事人可在任何时间将与合同有关的任何争议共同提请争议评审小组进行评审。争议评审小组应秉持客观、公正的原则,充分听取合同当事人的意见,依据相关法律、规范、标准、案例经验及商业惯例等,自收到争议评审申请报告后 14 天内做出书面决定,并说明理由。合同当事人可以在专用合同条款中对本项事项另行约定。

(3)争议评审小组决定的效力

争议评审小组做出的书面决定经合同当事人签字确认后,对双方具有约束力，双方应遵照执行：任何一方当事人不接受争议评审小组决定或不履行争议评审小组决定的，双方可选择采用其他争议解决方式。

4. 仲裁或诉讼

因合同及合同有关事项产生的争议，合同当事人可以在专用合同条款中约定的任一种方式解决争议：向约定的仲裁委员会申请仲裁；向有管辖权的人民法院起诉。

5. 争议解决条款效力

合同有关争议解决的条款独立存在，合同的变更、解除、终止、无效或者被撤销均不影响其效力。

# 第三节　建设工程勘察设计合同概述

## 一、建设工程勘察设计合同的概念

建设工程勘察合同是指根据建设工程的要求，查明、分析、评价建设场地的地质地理环境特征和岩土工程条件，编制建设工程勘察文件订立的协议。建设工程设计合同是指根据建设工程的要求，对建设工程所需的技术、经济、资源、环境等条件进行综合分析、论证，编制建设工程设计文件的协议。为了保证工程项目的建设质量以达到预期的投资目的，实施过程中必须遵循项目建设的内在规律，即坚持先勘察、后设计、再施工的程序。

建设工程勘察设计合同是工程建设合同体系中一种重要的合同种类，由于勘察设计工作是工程建设程序中首要和主导性环节，所以签订一份规范、完善的勘察设计合同，对于规范承发包双方合同行为、促进双方履行合同义务，保证工程建设实现预期的投资计划、建设进度和品质目标等建设目标是至关重要的。

建设工程勘察设计合同属于建设工程合同的范畴，分为建设工程勘察合同和建设工程设计合同两种。建设工程勘察设计合同是指发包人与承包人为完成特定的勘察设计任务，明确相互权利义务关系而订立的合同。勘察设计合同的发包人一般是项目业主(建设单位)或工程总承包单位;承包人是持有国家认可的勘察设计证书的勘察和设计单位。

签订勘察设计合同应当采用书面形式,参照示范文本的条款,明确约定双方的权利义务。对文本条款以外的其他事项,当事人认为需要约定的也应采用书面形式。对可能发生的问题,要约定解决办法和处理原则,双方协商同意的合同修改文件、补充协议均为合同的组成部分。

## 二、建设工程勘察设计合同的特点

建设工程勘察设计的内容、性质和特点决定了勘察设计合同除了具备建设工程合同的一般特征外,还有自身的特点。

(一)特定的质量标准

勘察设计人应按国家技术规范、标准、规程和发包人的任务委托书及其设计要求进行工程勘察与设计工作,发包人不得提出或指使勘察设计单位不按法律、法规、工程建设强制性标准和设计程序进行勘察设计。此外,工程设计工作具有专属性,工程设计修改必须由原设计单位负责完成,他人(发包人和施工单位)不得擅自修改工程设计。

(二)多样化的交付成果

与工程施工合同不同,勘察设计人通过自己的勘察设计行为,需要提交多样化的交付成果,一般包括结构计算书、图纸、实物模型、概预算文件、计算机软件和专利技术等智力性成果。

(三)阶段性的报酬支付

勘察设计费计算方式可以采用按国家规定的指导价取费、预算包干、中标价加签证和实际完成工作量结算等。在实际工作中,由于勘察设计工作往往分阶段进行,分阶段交付勘察设计成果,勘察设计费也是按阶段支付,但由于承揽合同属于一时性合同,中间支付也属于临时支付的性质。

(四)知识产权保护

将建筑作品与美术作品一起列入其保护范围,建筑物、设计图、建筑模型均可受到我国著作权的保护,但受著作权法保护的建筑设计必须具备独创性、可复制性，并且必须具有审美意义。在工程设计合同中，发包人按照合同支付设计人酬金，作为交换，设计人将勘察设计成果交给发包人。因此，发包人一般拥有设计成果的财产权，除了明示条款规定外，设计人一般拥有发包人项目设计成果的著作权，双方当事人可以在合同中约定设计成果的著作权的归属。发包人应保护勘察设计人的投标书、勘察设计方案、文件、资料图纸、数据、计算机软件和专利技术等成果。发包人对勘察设计人交付的勘察设计资料不得擅自修改、复制或向第三人转让或用于本项目之外。勘察设计人也应保护发包人提供资料和文件，未经发包人同意，不得擅自修改、复制或向第三人披露。若发生上述情况，各方应付相应的法律责任。

(五)必需的协助义务

勘察设计人完成相关工作时，往往需要发包人提供工作条件，包括相关资料、文件和必要的生产、生活及交通条件等，并需要对所提供资料或文件的正确性和完整性负责。当发包人未履行或不完全履行相关协助义务，从而造成设计返工、停工或者修改设计的，应承担相应费用。

## 三、建设工程勘察设计合同的订立

(一)订立条件

1.当事人条件

第一，双方都应是法人或其他组织。

第二，承包商必须具有相应的完成签约项目等级的勘察、设计资质。

第三，承包商具有承揽建设工程勘察、设计任务所必需的相应的权利能力和行为能力。

2.委托勘察设计的项目必须具备的条件

第一，建设工程项目可行性研究报告或项目建议书已获批准。

第二，已办理了建设用地规划许可证等手续。

第三，法律、法规规定的其他条件。

3.勘察设计任务委托方式的限定条件

建设工程勘察设计任务有招标委托和直接委托两种方式，但依法必须进行招标的项目，通过招标投标的方式来委托，否则所签订的勘察设计合同无效。

(二)勘察设计合同当事人的资信与能力审查

合同当事人的资信及履约能力是合同能否得到履行的保证，在签约前，双方都有必要审查对方的资信和能力。

1.资格审查

资格审查主要审查当事人是否属于经国家规定的审批程序成立的法人组织，有无法人章程和营业执照，其经营活动是否超过章程或营业执照规定的范围。同时还要审查参加签订合同的人员是否为法定代表人或其委托的代理人以及代理人的活动是否在授权代理范围内。

2.资信审查

资信审查主要审查当事人的资信情况，可以了解当事人的财务状况和履约态度，以确保所签订的合同是基于诚实信用的。

3.履约能力审查

履约能力审查主要审查勘察设计单位的专业业务能力。可以通过审查勘察设计单位的勘察设计证书，以了解它的级别、业务规格和专业范围。同时还应了解该勘察、设计单位以往的工作业绩及正在履行的合同工程量。发包人履约能力主要是指其财务状况和建设资金到位情况。

(三)合同签订的程序

依法必须进行招标的工程勘察设计任务通过招标或设计方案的竞投确定勘察设计单位后，应签订勘察设计合同。

1.确定合同标的

合同标的是合同的中心，这里所谓的确定合同标的，主要是指决定勘察与设计分开发包还是合在一起发包。

2.选定勘察与设计承包人

依法必须招标的工程建设项目，按招标投标程序优先选出的中标人即为勘察与设计的承包人，小型项目及依法可以不招标的项目由发包人直接选定勘察与设计的承包人。

3.签订勘察设计合同

如果是通过招标方式确定承包商的，则由于合同的主要条件都在招标、投标文件中得以确认，所以进入签约阶段还需要协商的内容就不会很多；通过直接委托方式委托的勘察设计，其合同的谈判就要涉及几乎所有的合同条款，必须认真对待。经勘察设计合同的当事人双方友好协商，就合同的各项条款取得一致意见，即可由双方法定代表人或其代理人正式签署，合同文本经合同双方法定的有权人签字并加盖法人章后生效。

## 第四节　建设工程勘察合同的主要内容

### 一、发包人权利和义务

(一)发包人权利

第一，发包人对勘察人的勘察工作有权依照合同约定实施监督，并对勘察成果予以验收。

第二，发包人对勘察人无法胜任工程勘察工作的人员有权提出更换。

第三，发包人拥有勘察人为其项目编制的所有文件资料的使用权，包括投标文件、成果资料和数据等。

(二)发包人义务

第一，发包人应以书面形式向勘察人明确勘察任务及技术要求。

第二，发包人应提供开展工程勘察工作所需要的图纸及技术资料，包括总平面图、地形图、已有水准点和坐标控制点等，若上述资料由勘察人负责收集时，发包人应承担相关费用。

第三，发包人应提供工程勘察作业所需的批准及许可文件，包括立项批复、占用和挖掘道路许可等。

第四，发包人应为勘察人提供具备条件的作业场地及进场通道(包括土地征用、障碍物清除、场地平整、提供水电接口和青苗赔偿等)并承担相关费用。

第五，发包人应为勘察人提供作业场地内地下埋藏物(包括地下管线、地下构筑物等)的资料、图纸，没有资料、图纸的地区，发包人应委托专业机构查清地下埋藏物。若因发包人未提供上述资料、图纸，或提供的资料、图纸不实，致使勘察人在工程勘察工作过程中发生人身伤害或造成经济损失时，由发包人承担赔偿责任。

第六，发包人应按照法律法规规定为勘察人安全生产提供条件并支付安全生产防护费用，发包人不得要求勘察人违反安全生产管理规定进行作业。

第七，若勘察现场需要看守，特别是在有毒、有害等危险现场作业时，发包人应派专人负责安全保卫工作；按国家有关规定，对从事危险作业的现场人员进行保健防护，并承担相应损失及费用。发包人对安全文明施工有特殊要求时，应在专用合同条款中另行约定。

第八，发包人应对勘察人满足质量标准的已完成工作，按照合同约定及时支付相应的工程勘察合同价款及费用。

第九，发包人应为勘察人提供后续技术服务期间提供必要的工作和生活条件，后续技术服务的内容、费用和时限应由双方在专用合同条款中另行约定。

(三)发包人委派发包人代表

发包人应在专用合同条款中明确其负责工程勘察的发包人代表的姓名、职务、联系方式及授权范围等事项。发包人代表在发包人的授权范围内，负责处理合同履行过程中与发包人有关的具体事宜。

## 二、勘察人权利和义务

(一)勘察人权利

勘察人在工程勘察期间，根据项目条件和技术标准、法律法规的规定等方面的变化，有权向发包人提出增减合同工作量或修改技术方案的建议。

除建设工程主体部分的勘察外，根据合同约定或经发包人同意，勘察人可以将建设工程其他部分的勘察分包给其他具有相应资质等级的建设工程勘察单位。发包人对分包的特殊要求应在专用合同条款中另行约定。

勘察人对其编制的所有文件资料，包括投标文件、成果资料、数据和专利技术等拥有知识产权。

(二)勘察人义务

第一,勘察人应按勘察任务书和技术要求并依据有关技术标准进行工程勘察工作。

第二,勘察人应建立质量保证体系,按本合同约定的时间提交质量合格的成果资料,并对其质量负责。

第三,勘察人在提交成果资料后,应为发包人继续提供后期服务。

第四,勘察人在工程勘察期间遇到地下文物时,应及时向发包人和文物主管部门报告并妥善保护。

第五,勘察人开展工程勘察活动时应遵守有关职业健康及安全生产方面的各项法律法规的规定,采取安全防护措施,确保人员、设备和设施的安全。

第六,勘察人在燃气管道、热力管道、动力设备、输水管道、输电线路、临街交通要道及地下通道(地下隧道)附近等风险性较大的地点以及在易燃易爆地段及放射、有毒环境中进行工程勘察作业时,应编制安全防护方案并制定应急预案。

第七,勘察人应在勘察方案中列明环境保护的具体措施,并在合同履行期间采取合理措施保护作业现场环境。

第八,勘察人应派专业技术人员为发包人提供后续技术服务。

第九,工程竣工验收时,勘察人应按发包人要求参加竣工验收工作,并提供竣工验收所需相关资料。

(三)勘察人委派勘察人代表

勘察人接受任务时,应在专用合同条款中明确其负责工程勘察的勘察人代表的姓名、职务、联系方式及授权范围等事项,勘察人代表在勘察人的授权范围内,负责处理合同履行过程中与勘察人有关的具体事宜。

## 三、勘察合同的进度管理条款

(一)开工及延期开工

勘察人应按合同约定的工期进行工程勘察工作,并接受发包人对工程勘察工作进度的监督、检查。

因发包人原因不能按照合同约定的日期开工,发包人应以书面形式通知勘察人,推迟开工日期并相应顺延工期。

(二)成果提交日期

勘察人应按照合同约定的日期或双方同意顺延的工期提交成果资料,具体可在专用合同条款中约定。

(三)发包人造成的工期延误

因以下情形造成工期延误,勘察人有权要求发包人延长工期、增加合同价款和(或)补偿费用。

第一,发包人未能按合同约定提供图纸及开工条件。

第二,发包人未能按合同约定及时支付定金、预付款和(或)进度款。

第三,变更导致合同工作量增加。

第四,发包人增加合同工作内容。

第五,发包人改变工程勘察技术要求。

第六,发包人导致工期延误的其他情形。

除专用合同条款对期限另有约定外,勘察人在发包人造成的工期延误情形发生后 7 天内,应就延误的工期以书面形式向发包人提出报告。发包人在收到报告后 7 天内予以确认;逾期不予确认也不提出修改意见,视为同意顺延工期,补偿费用的确认程序参照该通用条款〔合同价款与调整〕约定执行。

(四)勘察人造成的工期延误

勘察人因以下情形不能按照合同约定的日期或双方同意顺延的工期提交成果资料的,勘察人承担违约责任。

第一,勘察人未按合同约定开工日期开展工作造成工期延误的。

第二,勘察人因管理不善、组织不力造成工期延误的。

第三,因弥补勘察人自身原因导致的质量缺陷而造成工期延误的。

第四,因勘察人成果资料不合格返工造成工期延误的。

第五,勘察人导致工期延误的其他情形。

(五)变更范围与确认

1.变更范围

合同变更是指在合同签订日后发生的以下变更。

第一,法律法规及技术标准的变化引起的变更。

第二,规划方案或设计条件的变化引起的变更。

第三,不利物质条件引起的变更。

第四,发包人的要求变化引起的变更。

第五,因政府临时禁令引起的变更。

第六,其他专用合同条款中约定的变更。

2.变更确认

当引起变更的情形出现,除专用合同条款对期限另有约定外,勘察人应在 7 天内就调整后的技术方案以书面形式向发包人提出变更要求,发包人应在收到报告后 7 天内予以确认,逾期不予确认也不提出修改意见,视为同意变更。

## 四、勘察合同质量管理条款

(一)成果质量

成果质量应符合相关技术标准和深度规定,且满足合同约定的质量要求。双方对工程勘察成果质量有争议时,由双方同意的第三方机构鉴定,所需费用及因此造成的损失,由责任方承担;双方均有责任的,由双方根据其责任分别承担。

(二)成果份数

勘察人应向发包人提交成果资料四份,发包人要求增加的份数,在专用合同条款中另行约定,发包人另行支付相应的费用。

(三)成果交付

勘察人按照约定时间和地点向发包人交付成果资料,发包人应出具书面签收单,内容包括成果名称、成果组成、成果份数、提交和签收日期、提交人与接收人的亲笔签名等。

(四)成果验收

勘察人向发包人提交成果资料后,如需对勘察成果组织验收的,发包人应及时组织验收。除专用合同条款对期限另有约定外,发包人14天内无正当理由不予组织验收,视为验收通过。

## 五、勘察合同费用管理条款

(一)合同价款与调整

依照法定程序进行招标工程的合同价款由发包人和勘察人依据中标价格载明在合同协议书中;非招标工程的合同价款由发包人和勘察人议定,并载明在合同协议书中。合同价款在合同协议书中约定后,除合同条款约定的合同价款调整因素外,任何一方不得擅自改变。合同当事人可任选下列一种合同价款的形式,双方可在专用合同条款中约定。

1.总价合同

双方在专用合同条款中约定合同价款包含的风险范围和风险费用的计算方法,在约定的风险范围内合同价款不再调整。风险范围以外的合同价款如需调整因素和方法,应在专用合同条款中约定。

2.单价合同

合同价款根据工作量的变化而调整,合同单价在风险范围内一般不予调整,双方可在专用合同条款中约定合同单价调整因素和方法。

3.其他合同价款形式

合同当事人可在专用合同条款中约定其他合同价格形式。

需调整合同价款时,合同一方应及时将调整原因、调整金额以书面形式通知对方,双方共同确认调整金额后作为追加或减少的合同价款,与进度款同期支付。除专用合同条款对期限另有约定外,一方在收到对方的通知后7天内不予确认也不提出修改意见的,视为已经同意该项调整。合同当事人就调整事项不能达成一致的,则按照该通用条款〔争议解决〕约定执行。

(二)定金或预付款

实行定金或预付款的,双方应在专用合同条款中约定发包人向勘察人支付定金或预付款数额,支付时间应不迟于约定的开工日期前 7 天。发包人不按约定支付,勘察人向发包人发出要求支付的通知,发包人收到通知后仍不能按要求支付的,勘察人可在发出通知后推迟开工日期,并由发包人承担违约责任。定金或预付款在进度款中抵扣,抵扣办法可在专用合同条款中约定。

(三)进度款支付

发包人应按照专用合同条款约定的进度款支付方式、支付条件和支付时间进行支付。

发包人超过约定的支付时间不支付进度款,勘察人可向发包人发出要求付款的通知,发包人收到勘察人通知后仍不能按要求付款,可与勘察人协商签订延期付款协议,经勘察人同意后可延期支付。

发包人不按合同约定支付进度款,双方又未达成延期付款协议,勘察人可停止工程勘察作业和后期服务,由发包人承担违约责任。

(四)变更合同价款确定

第一,变更合同价款按这几种方法进行:一是合同中已有适用于变更工程的价格,按合同已有的价格变更合同价款;二是合同中只有类似于变更工程的价格,可以参照类似价格变更合同价款;三是合同中没有适用或类似于变更工程的价格,由勘察人提出适当的变更价格,经发包人确认后执行。

第二,除专用合同条款对期限另有约定外,一方应在双方确定变更事项后 14 天内向对方提出变更合同价款报告,否则视为该项变更不涉及合同价款的变更。

第三,除专用合同条款对期限另有约定外,一方应在收到对方提交的变更合同价款报告之日起 14 天内予以确认。逾期无正当理由不予确认的,则视为该项变更合同价款报告已被确认。

第四,一方不同意对方提出的合同价款变更,按该通用条款〔争议解决〕约定执行。

第五,因勘察人自身原因导致的变更,勘察人无权要求追加合同价款。

(五)合同价款结算

除专用合同条款另有约定外,发包人应在勘察人提交成果资料后28天内,依据该通用条款〔合同价款与调整〕和〔变更合同价款确定〕约定进行最终合同价款确定,并予以全额支付。

## 六、勘察合同管理的其他条款

(一)勘察人

除专用合同条款另有约定外,发包人提供给勘察人的图纸、发包人为实施工程自行编制或委托编制的反映发包人要求或其他类似性质的文件的著作权属于发包人,勘察人可以为实现本合同目的而复制、使用此类文件,但不能用于与本合同无关的其他事项。未经发包人书面同意,勘察人不得为了本合同以外的目的而复制、使用上述文件或将之提供给任何第三方。

除专用合同条款另有约定外,勘察人为实施工程所编制的成果文件的著作权属于勘察人,发包人可因本工程的需要而复制、使用此类文件,但不能擅自修改或用于与本合同无关的其他事项。未经勘察人书面同意,发包人不得为了本合同以外的目的而复制、使用上述文件或将之提供给任何第三方。

合同当事人保证在履行本合同过程中不侵犯对方及第三方的知识产权。勘察人在工程勘察时,因侵犯他人的专利权或其他知识产权所引起的责任,由勘察人承担;因发包人提供的基础资料导致侵权的,由发包人承担责任。

在不损害对方利益情况下,合同当事人双方均有权在申报奖项、制作宣传印刷品及出版物时使用有关项目的文字和图片材料。

除专用合同条款另有约定外,勘察人在合同签订前和签订时已确定采用的专利、专有技术、技术秘密的使用费已包含在合同价款中。

(二)不可抗力

1.不可抗力的确认

不可抗力是在订立合同时不可合理预见,在履行合同中不可避免地发生且不能克服的自然灾害和社会突发事件,如地震、海啸、瘟疫、洪水以及专用条款约定的其他自然灾害和社会突发事件。

不可抗力发生后,发包人和勘察人应收集不可抗力发生及造成损失的证据。合同当事双方对是否属于不可抗力或其损失发生争议时,按该通用条款〔争议解决〕约定执行。

2.不可抗力的通知

遇有不可抗力发生时,发包人和勘察人应立即通知对方,双方应共同采取措施减少损失。除专用合同条款对期限另有约定外,不可抗力持续发生,勘察人应每隔 7 天向发包人报告一次受害损失情况。

除专用合同条款对期限另有约定外,不可抗力结束后 2 天内,勘察人向发包人通报受害损失情况及预计清理和修复的费用;不可抗力结束后 14 天内,勘察人向发包人提交清理和修复费用的正式报告及有关资料。

3.不可抗力后果的承担

第一,因不可抗力发生的费用及延误的工期由双方按这几种方法分别承担:一是发包人和勘察人员伤亡由合同当事人双方自行负责,并承担相应费用。二是勘察人机械设备损坏及停工损失,由勘察人承担。三是停工期间,勘察人应发包人要求留在作业场地的管理人员及保卫人员的费用由发包人承担。四是作业场地发生的清理、修复费用由发包人承担。五是延误的工期相应顺延。

第二,合同一方迟延履行合同后发生不可抗力的,不能免除迟延履行方的相应责任。

(三)合同生效与终止

第一,双方在合同协议书中约定合同生效方式。

第二,发包人、勘察人履行合同全部义务,合同价款支付完毕,本合同即告终止。

第三,合同的权利义务终止后,合同当事人应遵循诚实信用原则,履行通知、协助和保密等义务。

(四)合同解除

有下列情形之一的,发包人、勘察人可以解除合同。

第一,因不可抗力致使合同无法履行。

第二,发生未按该通用条款〔定金或预付款〕约定或该通用条款〔进度款支付〕约定按时支付合同价款的情况,停止作业超过 28 天,勘察人有权解除合同,由发包人承担违约责任。

第三,勘察人将其承包的全部工程转包给他人或者肢解以后以分包的名义分别转包给他人,发包人有权解除合同,由勘察人承担违约责任。

第四,发包人和勘察人协商一致可以解除合同的其他情形。

一方依据上一条款约定要求解除合同的,应以书面形式向对方发出解除合同的通知,并在发出通知前不少于 14 天时告知对方,通知到达对方时应合同解除。对解除合同有争议的,按该通用条款〔争议解决〕约定执行。

因不可抗力致使合同无法履行时,发包人应按合同约定向勘察人支付已完工作量相对应比例的合同价款后解除合同。

合同解除后,勘察人应按发包人要求将自有设备和人员撤出作业场地,发包人应为勘察人撤出提供必要条件。

(五)责任与保险

勘察人应运用一切合理的专业技术和经验,按照公认的职业标准尽其全部职责和谨慎、勤勉地履行其在本合同项下的责任和义务。

合同当事人可按照法律法规的要求在专用合同条款中约定履行本合同所需要的工程勘察责任保险,并使其于合同责任期内保持有效。

勘察人应依照法律法规的规定为勘察作业人员购买工伤保险、人身意外伤害险和其他保险。

(六)违约

1. 发包人违约

(1)发包人违约情形

①合同生效后,发包人无故要求终止或解除合同。

②发包人未按该通用条款〔定金或预付款〕约定按时支付定金或预付款。

③发包人未按该通用条款〔进度款支付〕约定按时支付进度款。

④发包人不履行合同义务或不按合同约定履行义务的其他情形。

(2)发包人违约责任

合同生效后，发包人无故要求终止或解除合同，勘察人未开始勘察工作的，不退还发包人已付的定金或发包人按照专用合同条款约定向勘察人支付违约金；勘察人已开始勘察工作的，若完成计划工作量不足50%，发包人应支付勘察人合同价款的50%；完成计划工作量超过50%，发包人应支付勘察人合同价款的100%。

发包人发生其他违约情形时，发包人应承担由此增加的费用和工期延误损失，并给予勘察人合理赔偿。双方可在专用合同条款内约定发包人赔偿勘察人损失的计算方法或者发包人应支付违约金的数额或计算方法。

2. 勘察人违约

(1)勘察人违约情形

①合同生效后，勘察人因自身原因要求终止或解除合同。

②因勘察人原因不能按照合同约定的日期或合同当事人同意顺延的工期提交成果资料。

③因勘察人原因造成成果资料质量达不到合同约定的质量标准。

④勘察人不履行合同义务或未按约定履行合同义务的其他情形。

(2)勘察人违约责任

①合同生效后，勘察人因自身原因要求终止或解除合同，勘察人应双倍返还发包人已支付的定金或勘察人按照专用合同条款约定向发包人支付违约金。

②因勘察人原因造成工期延误的，应按专用合同条款约定向发包人支付违约金。

③因勘察人原因造成成果资料质量达不到合同约定的质量标准，勘察人应负责无偿给予补充完善使其达到质量合格。因勘察人原因导致工

程质量安全事故或其他事故时，勘察人除负责采取补救措施外，应通过所投工程勘察责任保险向发包人承担赔偿责任或根据直接经济损失程度按专用合同条款约定向发包人支付赔偿金。

④勘察人发生其他违约情形时，勘察人应承担违约责任并赔偿因其违约给发包人造成的损失，双方可在专用合同条款内约定勘察人赔偿发包人损失的计算方法和赔偿金额。

（七）索赔

1. 发包人索赔

勘察人未按合同约定履行义务或发生错误以及应由勘察人承担责任的其他情形，造成工期延误及发包人的经济损失，除专用合同条款另有约定外，发包人可按下列程序以书面形式向勘察人索赔。

(1)违约事件发生后 7 天内，向勘察人发出索赔意向通知。

(2)发出索赔意向通知后 14 天内，向勘察人提出经济损失的索赔报告及有关资料。

(3)勘察人在收到发包人送交的索赔报告和有关资料或补充索赔理由、证据后，于 28 天内给予答复。

(4)勘察人在收到发包人送交的索赔报告和有关资料后 28 天内未予答复或未对发包人做进一步要求的，视为该项索赔已被认可。

(5)当该违约事件持续进行时，发包人应阶段性向勘察人发出索赔意向，在违约事件终了后 21 天内，向勘察人送交索赔的有关资料和最终索赔报告。

2. 勘察人索赔

发包人未按合同约定履行义务或发生错误以及应由发包人承担责任的其他情形，造成工期延误和(或)勘察人不能及时得到合同价款及勘察人的经济损失，除专用合同条款另有约定外，勘察人可按下列程序以书面形式向发包人索赔。

(1)违约事件发生后 7 天内，勘察人可向发包人发出要求其采取有效措施纠正违约行为的通知；发包人收到通知后 14 天内仍不履行合同义务，勘察人有权停止作业，并向发包人发出索赔意向通知。

(2)发出索赔意向通知后 14 天内，向发包人提出延长工期和(或)补偿经济损失的索赔报告及有关资料。

(3)发包人在收到勘察人送交的索赔报告和有关资料或补充索赔理由、证据后，要于28天内给予答复。

(4)发包人在收到勘察人送交的索赔报告和有关资料后28天内未予答复或未对勘察人做进一步要求，视为该项索赔已被认可。

(5)当该索赔事件持续进行时，勘察人应阶段性向发包人发出索赔意向，在索赔事件终了后21天内，向发包人送交索赔的有关资料和最终索赔报告。

(八)争议解决

1.和解

因本合同以及与本合同有关事项发生争议的，双方可以就争议自行和解。自行和解达成协议的，经签字并盖章后作为合同补充文件，双方均应遵照执行。

2.调解

因本合同以及与本合同有关事项发生争议的，双方可以就争议请求行政主管部门、行业协会或其他第三方进行调解。调解达成协议的，经签字并盖章后作为合同补充文件，双方均应遵照执行。

3.仲裁或诉讼

因本合同以及与本合同有关事项发生争议的，当事人不愿和解、调解或者和解、调解不成的，双方可以在专用合同条款内约定以下任一种方式解决争议：双方达成仲裁协议，向约定的仲裁委员会申请仲裁；向有管辖权的人民法院起诉。

# 第五节　建设工程勘察设计合同的主要内容

## 一、发包人的主要工作

(一)发包人一般义务

发包人应遵守法律，并办理法律规定由其办理的许可、核准或备案，包括但不限于建设用地规划许可证、建设工程规划许可证、建设工程方案设计批准、施工图设计审查等许可、核准或备案。

发包人负责本项目各阶段设计文件向规划设计管理部门的送审报批工作，并负责将报批结果书面通知设计人。因发包人原因未能及时办理完毕前述许可、核准或备案手续，导致设计工作量增加和(或)设计周期延长时，由发包人承担由此增加的设计费用和(或)延长的设计周期。

发包人应当负责工程设计的所有外部关系(包括但不限于当地政府主管部门等)的协调，为设计人履行合同提供必要的外部条件。

专用合同条款约定的其他义务。

(二)发包人委派发包人代表

发包人应在专用合同条款中明确其负责工程设计的发包人代表的姓名、职务、联系方式及授权范围等事项。发包人代表在发包人的授权范围内，负责处理合同履行过程中与发包人有关的具体事宜，发包人代表在授权范围内的行为由发包人承担法律责任，发包人更换发包人代表的，应在专用合同条款约定的期限内提前书面通知设计人。

发包人代表不能按照合同约定履行其职责及义务，并导致合同无法继续正常履行的，设计人可以要求发包人撤换发包人代表。

(三)发包人的决定权

发包人在法律允许的范围内有权对设计人的设计工作、设计项目和/或设计文件作出处理决定，设计人应按照发包人的决定执行，涉及设计周期和(或)设计费用等问题应按本合同通用条款〔工程设计变更与索赔〕约定执行。

发包人应在专用合同条款约定的期限内对设计人书面提出的事项作出书面决定，如发包人不在确定时间内作出书面决定，设计人的设计周期应相应延长。

(四)提供工程设计资料

1.提供工程设计必需的资料

发包人应当在工程设计前向设计人提供工程设计所必需的工程设计资料，并对所提供资料的真实性、准确性和完整性负责。

按照法律规定确须在工程设计开始后方能提供的设计资料，发包人应及时地在相应工程设计文件提交给发包人前的合理期限内提供，合理期限应以不影响设计人的正常设计为限。

2.逾期提供的责任

发包人提交上述文件和资料超过约定期限的，超过约定期限15天以内，设计人按本合同约定的交付工程设计文件时间相应顺延；超过约定期限15天以外时，设计人有权重新确定提交工程设计文件的时间。工程设计资料逾期提供导致增加设计工作量的，设计人可以要求发包人另行支付相应设计费用，并相应延长设计周期。

(五)支付合同价款

发包人应按合同约定向设计人及时足额支付合同价款。

(六)设计文件接收

发包人应按合同约定及时接收设计人提交的工程设计文件。

(七)施工现场配合服务

除专用合同条款另有约定外，发包人应为设计人派赴现场的工作人员提供工作、生活及交通等方面的便利条件。

## 二、设计人的主要工作

(一)设计人一般义务

第一，设计人应遵守法律和有关技术标准的强制性规定，完成合同约定范围内的房屋建筑工程方案设计、初步设计、施工图设计，提供符合技术标准及合同要求的工程设计文件，提供施工要求的配合。

设计人应当按照专用合同条款约定配合发包人办理有关许可、核准或备案手续的，因设计人原因造成发包人未能及时办理许可、核准或备案手续，导致设计工作量增加和(或)设计周期延长时，由设计人自行承担由此增加的设计费用和(或)设计周期延长的责任。

第二，设计人应当完成合同约定的工程设计及其他服务。

第三，专用合同条款约定的其他义务。

(二)设计人委派项目负责人

项目负责人应为合同当事人所确认的人选,并在专用合同条款中明确项目负责人的姓名、执业资格及等级、注册执业证书编号、联系方式及授权范围等事项,项目负责人经设计人授权后代表设计人负责履行合同。

设计人需要更换项目负责人的,应在专用合同条款约定的期限内提前书面通知发包人,并征得发包人书面同意。通知中应当载明继任项目负责人的注册执业资格、管理经验等资料,继任项目负责人继续履行项目负责人应尽职责。未经发包人书面同意,设计人不得擅自更换项目负责人。设计人擅自更换项目负责人的,应按照专用合同条款的约定承担违约责任。对于设计人项目负责人确因患病、与设计人解除或终止劳动关系、工伤等原因更换项目负责人的,发包人无正当理由不得拒绝更换。

发包人有权书面通知设计人更换其认为不称职的项目负责人,通知中应当载明要求更换的理由。对于发包人有理由的更换要求,设计人应在收到书面更换通知后在专用合同条款约定的期限内进行更换,并将新任命的项目负责人的注册执业资格、管理经验等资料书面通知发包人。继任项目负责人继续履行项目负责人应尽职责,设计人无正当理由拒绝更换项目负责人的,应按照专用合同条款的约定承担违约责任。

(三)设计人委派设计人员

除专用合同条款对期限另有约定外,设计人应在接到开始设计通知后7天内,向发包人提交设计人项目管理机构及人员安排的报告,其内容应包括建筑、结构、给排水、暖通、电气等专业负责人名单及其岗位、注册执业资格等。

设计人委派到工程设计中的设计人员应相对稳定。设计过程中如有变动,设计人应及时向发包人提交工程设计人员变动情况的报告。设计人更换专业负责人时,应提前7天书面通知发包人,除专业负责人无法正常履职情形外,还应征得发包人的书面同意。通知中应当载明继任人员的注册执业资格、执业经验等资料。

发包人对主要设计人员的资格或能力有异议的,设计人应提供资料证明被质疑人员有能力完成其岗位工作或不存在发包人所质疑的情形。发包人要求撤换不能按照合同约定履行职责及义务的主要设计人员的，设计人认为发包人有理由的，应当撤换。设计人无正当理由拒绝撤换的，应按照专用合同条款的约定承担违约责任。

(四)设计分包

1.设计分包的一般约定

设计人不得将其承包的全部工程设计转包给第三人，或将其承包的全部工程设计肢解后以分包的名义转包给第三人。设计人不得将工程主体结构、关键性工作及专用合同条款中禁止分包的工程设计分包给第三人，工程主体结构、关键性工作的范围由合同当事人按照法律规定在专用合同条款中予以明确。设计人不得进行违法分包。

2.设计分包的确定

设计人应按专用合同条款的约定或经过发包人书面同意后进行分包，确定分包人。按照合同约定或经过发包人书面同意后进行分包的，设计人应确保分包人具有相应的资质和能力。工程设计分包不减轻或免除设计人的责任和义务，设计人和分包人就分包工程设计向发包人承担连带责任。

3.设计分包管理

设计人应按照专用合同条款的约定向发包人提交分包人的主要工程设计人员名单、注册执业资格及执业经历等。

(五)联合体

联合体各方应共同与发包人签订合同协议书，联合体各方应为履行合同向发包人承担连带责任。联合体协议应当约定联合体各成员工作分工，经发包人确认后作为合同附件。在履行合同过程中，未经发包人同意，不得修改联合体协议。联合体牵头人负责与发包人联系，并接受指示，负责组织联合体各成员全面履行合同。

(六)施工现场配合服务

设计人应当提供设计技术交底、解决施工中设计技术问题和竣工验收服务，如果发包人在专用合同条款约定的施工现场服务时限之外仍要求设计人负责上述工作的，发包人应按所需工作量向设计人另行支付服务费用。

## 三、设计合同进度管理条款

### （一）工程设计进度计划

#### 1.工程设计进度计划的编制

设计人应按照专用合同条款约定提交工程设计进度计划，工程设计进度计划的编制应当符合法律规定和一般工程设计实践惯例，工程设计进度计划经发包人批准后实施。工程设计进度计划是控制工程设计进度的依据，发包人有权按照工程设计进度计划中列明的关键性控制节点检查工程设计进度情况。

工程设计进度计划中的设计周期应由发包人与设计人协商确定，明确约定各阶段设计任务的完成时间区间，包括各阶段设计过程中设计人与发包人的交流时间，但不包括相关政府部门对设计成果的审批时间及发包人的审查时间。

#### 2.工程设计进度计划的修订

工程设计进度计划不符合合同要求或与工程设计的实际进度不一致的，设计人应向发包人提交修订的工程设计进度计划，并附具有关措施和相关资料。除专用合同条款对期限另有约定外，发包人应在收到修订的工程设计进度计划后5天内完成审核及批准或提出修改意见，否则将视为发包人同意设计人提交的修订的工程设计进度计划。

### （二）工程设计开始

发包人应按照法律规定获得工程设计所需的许可。发包人发出的开始设计通知应符合法律规定，一般应在计划开始设计日期7天前向设计人发出开始工程设计工作通知，工程设计周期自开始设计通知中载明的开始设计的日期起算。设计人应当在收到发包人提供的工程设计资料及专用合同条款约定的定金或预付款后，开始工程设计工作。

(三)工程设计进度延误

1.因发包人原因导致工程设计进度延误

在合同履行过程中,发包人导致工程设计进度延误的情形主要有以下几点。

(1)发包人未能按合同约定提供工程设计资料或所提供的工程设计资料不符合合同约定或存在错误或疏漏的。

(2)发包人未能按合同约定日期足额支付定金或预付款、进度款的。

(3)发包人提出影响设计周期的设计变更要求的。

(4)专用合同条款中约定的其他情形。

因发包人原因未按计划开始设计日期开始设计的,发包人应按实际开始设计日期顺延完成设计日期。

除专用合同条款对期限另有约定外,设计人应在发生上述情形后5天内向发包人发出要求延期的书面通知,在发生该情形后10天内提交要求延期的详细说明供发包人审查。除专用合同条款对期限另有约定外,发包人收到设计人要求延期的详细说明后,应在5天内进行审查并就是否延长设计周期及延期天数向设计人进行书面答复。

如果发包人在收到设计人提交要求延期的详细说明后,在约定的期限内未予答复,则视为设计人要求的延期已被发包人批准。如果设计人未能按本款约定的时间内发出要求延期的通知并提交详细资料,则发包人可拒绝作出任何延期的决定。

发包人因上述工程设计进度延误情形导致增加设计工作量的,发包人应当另行支付相应设计费用。

2.因设计人原因导致工程设计进度延误

因设计人原因导致工程设计进度延误的,设计人应当按照该通用条款(设计人违约责任)承担责任。设计人支付逾期完成工程设计违约金后,不免除设计人继续完成工程设计的义务。

(四)暂停设计

1.发包人原因引起的暂停设计

因发包人原因引起的暂停设计,发包人应承担由此增加的设计费用和(或)延长的设计周期。

2.设计人原因引起的暂停设计

因设计人原因引起的暂停设计，设计人应当尽快向发包人发出书面通知并按该通用条款〔设计人违约责任〕约定承担责任，且设计人在收到发包人复工指示后15天内仍未复工的，视为设计人无法继续履行合同的情形，设计人应按该通用条款〔合同解除〕约定承担责任。

3.其他原因引起的暂停设计

当出现非设计人原因造成的暂停设计，设计人应当尽快向发包人发出书面通知。设计人的设计服务暂停，设计人的设计周期应当相应延长，复工应由发包人与设计人共同确认的合理期限。当发生本项约定的情况，导致设计人增加设计工作量的，发包人应当另行支付相应设计费用。

4.暂停设计后的复工

暂停设计后，发包人和设计人应采取有效措施积极消除暂停设计的影响。当工程具备复工条件时，发包人向设计人发出复工通知，设计人应按照复工通知要求复工。

除设计人原因导致暂停设计外，设计人暂停设计后复工所增加的设计工作量，发包人应当另行支付相应的设计费用。

(五)提前交付工程设计文件

发包人要求设计人提前交付工程设计文件的，发包人应向设计人下达提前交付工程设计文件指示，设计人应向发包人提交提前交付工程设计文件建议书，提前交付工程设计文件建议书应包括实施的方案、缩短的时间、增加的合同价格等内容。发包人接受该提前交付工程设计文件建议书的，发包人和设计人协商采取加快工程设计进度的措施，并修订工程设计进度计划，由此增加的设计费用由发包人承担。设计人认为提前交付工程设计文件的指示无法执行的，应向发包人提出书面异议，发包人应在收到异议后7天内予以答复。无论任何情况下，发包人均不得压缩合理设计周期。

发包人要求设计人提前交付工程设计文件，或设计人提出提前交付工程设计文件的建议能够给发包人带来效益的，合同当事人可以在专用合同条款中约定提前交付工程设计文件的奖励。

## 四、设计合同质量管理条款

(一)工程设计要求

1. 工程设计一般要求

(1)对发包人的要求

①发包人应当遵守法律和技术标准,不得以任何理由要求设计人违反法律和工程质量、安全标准进行工程设计,降低工程质量。

②发包人要求进行主要技术指标控制的,钢材用量、混凝土用量等主要技术指标控制值应当符合有关工程设计标准的要求,且应当在工程设计开始前书面向设计人提出,经发包人与设计人协商一致后以书面形式确定作为本合同附件。

③发包人应当严格遵守主要技术指标控制的前提条件,由于发包人的原因导致工程设计文件超出主要技术指标控制值的,发包人应承担相应责任。

(2)对设计人的要求

①设计人应当按法律和技术标准的强制性规定及发包人要求进行工程设计,有关工程设计的特殊标准或要求由合同当事人在专用合同条款中约定。

设计人发现发包人提供的工程设计资料有问题的,设计人应当及时通知发包人并经发包人确认。

②除合同另有约定外,设计人完成设计工作所应遵守的法律以及技术标准,均应视为在基准日期适用的版本。基准日期之后,前述版本发生重大变化,或者有新的法律以及技术标准实施的,设计人应就推荐性标准向发包人提出遵守新标准的建议,对强制性的规定或标准应当遵照执行。因发包人采纳设计人的建议或遵守基准日期后新的强制性的规定或标准,导致增加设计费用和(或)设计周期延长的,由发包人承担。

③设计人应当根据建筑工程的使用功能和专业技术协调要求,合理确定基础类型、结构体系、结构布置、使用荷载及综合管线等。

④设计人应当严格执行其双方书面确认的主要技术指标控制值，由于设计人的原因导致工程设计文件超出在专用合同条款中约定的主要技术指标控制值比例的，设计人应当承担相应的违约责任。

⑤设计人在工程设计中选用的材料、设备，应当注明其规格、型号、性能等技术指标及适应性，满足质量、安全、节能、环保等要求。

2. 工程设计保证措施

(1)发包人的保证措施

发包人应按照法律规定及合同约定完成与工程设计有关的各项工作。

(2)设计人的保证措施

设计人应做好工程设计的质量与技术管理工作，建立健全工程设计质量保证体系，加强工程设计全过程的质量控制，建立完整的设计文件的设计、复核、审核、会签和批准制度，明确各阶段的责任人。

3. 工程设计文件的要求

(1)工程设计文件的编制应符合法律、技术标准的强制性规定及合同的要求。

(2)工程设计依据应完整、准确、可靠，设计方案论证充分，计算成果可靠，并能够实施。

(3)工程设计文件的深度应满足本合同相应设计阶段的规定要求，并符合国家和行业现行有效的相关规定。

(4)工程设计文件必须保证工程质量和施工安全等方面的要求，按照有关法律法规规定在工程设计文件中提出保障施工作业人员安全和预防生产安全事故的措施建议。

(5)应根据法律、技术标准要求，保证房屋建筑工程的合理使用寿命年限，并应在工程设计文件中注明相应的合理使用寿命年限。

4. 不合格工程设计文件的处理

第一，因设计人原因造成工程设计文件不合格的，发包人有权要求设计人采取补救措施，直至达到合同要求的质量标准，并按该通用条款(设计人违约责任)约定承担责任。

第二，因发包人原因造成工程设计文件不合格的，设计人应当采取补救措施，直至达到合同要求的质量标准，由此增加的设计费用和(或)设计周期的延长由发包人承担。

(二)工程设计文件交付

1. 工程设计文件交付的内容

(1)工程设计图纸及设计说明。

(2)发包人可以要求设计人提交专用合同条款约定的具体形式的电子版设计文件。

2. 工程设计文件的交付方式

设计人交付工程设计文件给发包人，发包人应当出具书面签收单，内容包括图纸名称、图纸内容、图纸形式、份数、提交和签收日期、提交人与接收人的亲笔签名。

3. 工程设计文件交付的时间和份数

工程设计文件交付的名称、时间和份数在专用合同条款中约定。

(三)工程设计文件审查

设计人的工程设计文件应报发包人审查同意，审查的范围和内容在发包人要求中约定，审查的具体标准应符合法律规定、技术标准要求和本合同约定。

除专用合同条款对期限另有约定外，自发包人收到设计人的工程设计文件以及设计人的通知之日起，发包人对设计人的工程设计文件审查期不应超过 15 天。

发包人不同意工程设计文件的，应以书面形式通知设计人，并说明不符合合同要求的具体内容。设计人应根据发包人的书面说明，对工程设计文件进行修改后重新报送发包人审查，审查期重新起算。

合同约定的审查期满，发包人没有做出审查结论也没有提出异议的，视为设计人的工程设计文件已获发包人同意。

设计人的工程设计文件不需要政府有关部门审查或批准的，设计人应当严格按照经发包人审查同意的工程设计文件进行修改，如果发包人的修改意见超出或更改了发包人要求的，发包人应当根据第该通用条款

〔工程设计变更与索赔〕约定，向设计人另行支付费用。

工程设计文件需政府有关部门审查或批准的，发包人应在审查同意设计人的工程设计文件后在专用合同条款约定的期限内，向政府有关部门报送工程设计文件，设计人应予以协助。

对于政府有关部门的审查意见，不需要修改发包人要求的，设计人需按该审查意见修改设计人的工程设计文件；需要修改发包人要求的，发包人应重新提出发包人要求，设计人应根据新提出的发包人要求修改设计人的工程设计文件，发包人应当根据该通用条款〔工程设计变更与索赔〕约定，向设计人另行支付费用。

发包人需要组织审查会议对工程设计文件进行审查的，审查会议的审查形式和时间安排，在专用合同条款中约定。发包人负责组织工程设计文件审查会议，并承担会议费用及发包人的上级单位、政府有关部门参加的审查会议的费用。

发包人有义务向设计人提供设计审查会议的批准文件和纪要。设计人有义务按照相关设计审查会议批准的文件和纪要，并依据合同约定及相关技术标准，对工程设计文件进行修改、补充和完善。

因设计人原因，未能按条款〔工程设计文件交付〕约定的时间向发包人提交工程设计文件，致使工程设计文件审查无法进行或无法按期进行，造成设计周期延长、窝工损失及发包人增加费用的，设计人应按该通用条款〔设计人违约责任〕约定承担责任。

因发包人原因，致使工程设计文件审查无法进行或无法按期进行，造成设计周期延长、窝工损失及设计人增加的费用，由发包人承担。

因设计人原因造成工程设计文件不合格致使工程设计文件审查无法通过的，发包人有权要求设计人采取补救措施，直至达到合同要求的质量标准，并按该通用条款〔设计人违约责任）约定承担责任。

因发包人原因造成工程设计文件不合格致使工程设计文件审查无法通过的，由此增加的设计费用和（或）延长的设计周期由发包人承担。

工程设计文件的审查，不减轻或免除设计人依据法律应当承担的责任。

## 五、设计合同费用管理条款

(一)合同价款组成

发包人和设计人应当在专用合同条款中明确约定合同价款各组成部分的具体数额,主要内容包括:工程设计基本服务费用;工程设计其他服务费用;在未签订合同前发包人已经同意或接受或已经使用的设计人为发包人所做的各项工作的相应费用等。

(二)合同价格形式

发包人和设计人应在合同协议书中选择下列其中一种合同价格形式。

1.单价合同

单价合同是指合同当事人约定以建筑面积(包括地上建筑面积和地下建筑面积)每平方米单价或实际投资总额的一定比例等进行合同价格计算、调整和确认的建设工程设计合同,在约定的范围内合同单价不作调整。合同当事人应在专用合同条款中约定单价包含的风险范围和风险费用的计算方法,并约定风险范围以外的合同价格的调整方法。

2.总价合同

总价合同是指合同当事人约定以发包人提供的上一阶段工程设计文件及有关条件进行合同价格计算、调整和确认的建设工程设计合同,在约定的范围内合同总价不作调整。合同当事人应在专用合同条款中约定总价包含的风险范围和风险费用的计算方法,并约定风险范围以外的合同价格的调整方法。

3.其他价格形式

合同当事人可在专用合同条款中约定其他合同价格形式。

(三)定金或预付款

1.定金或预付款的比例

定金的比例不应超过合同总价款的20%,预付款的比例由发包人与设计人协商确定,一般不低于合同总价款的20%。

2.定金或预付款的支付

定金或预付款的支付按照专用合同条款约定执行,最迟应在开始设计通知载明的开始设计日期前且在专用合同条款约定的期限内支付。

发包人逾期支付定金或预付款超过专用合同条款约定的期限的，设计人有权向发包人发出要求支付定金或预付款的催告通知，发包人收到通知后7天内仍未支付的，设计人有权不开始设计工作或暂停设计工作。

(四)进度款支付

(1)发包人应当按照专用合同条款中的约定的付款条件及时向设计人支付进度款。

(2)进度付款的修正。

在对已付进度款进行汇总和复核中发现错误、遗漏或重复的，发包人和设计人均有权提出修正申请。经发包人和设计人同意的修正，应在下期进度付款中支付或扣除。

(五)合同价款的结算与支付

第一，对于采取固定总价形式的合同，发包人应当按照专用合同条中的约定及时支付尾款。

第二，对于采取固定单价形式的合同，发包人与设计人应当按照专用合同条款中的约定的结算方式及时结清工程设计费，并将结清未支付的款项一次性支付给设计人。

第三，对于采取其他价格形式的，也应按专用合同条款的约定及时结算和支付。

(六)支付账户

发包人应将合同价款支付至合同协议书中约定的设计人账户。

## 六、设计合同管理的其他条款

(一)工程设计变更与索赔

发包人变更工程设计的内容、规模、功能、条件等，应当向设计人提供书面要求，设计人在不违反法律规定以及技术标准强制性规定的前提下应当按照发包人要求变更工程设计。

发包人变更工程设计的内容、规模、功能、条件或因提交的设计资料存在错误或做较大修改时，发包人应按设计人所耗工作量向设计人增付设计费，设计人可按本条约定和专用合同条款附件7的约定，与发包人协商对合同价格和完工时间作出可共同接受的修改。

如果由于发包人要求更改而造成的项目复杂性的变更或性质的变更使得设计人的设计工作减少，发包人可按本条约定和专用合同条款中的约定，与设计人协商对合同价格和完工时间作出可共同接受的修改。

基准日期后，与工程设计服务有关的法律、技术标准的强制性规定的颁布及修改，由此增加的设计费用和(或)延长的设计周期由发包人承担。

如果发生设计人认为有理由提出增加合同价款或延长设计周期的要求事项，除专用合同条款对期限另有约定外，设计人应于该事项发生后5天内书面通知发包人。除专用合同条款对期限另有约定外，在该事项发生后10天内，设计人应向发包人提供证明设计人要求的书面声明，其中包括设计人关于因该事项引起的合同价款和设计周期的变化的详细计算。除专用合同条款对期限另有约定外，发包人应在接到设计人书面声明后的5天内，予以书面答复。逾期未答复的，视为发包人同意设计人关于增加合同价款或延长设计周期的要求。

(二)专业责任与保险

设计人应运用一切合理的专业技术和经验知识，按照公认的职业标准尽其全部职责和谨慎、勤勉地履行其在本合同项下的责任和义务。

除专用合同条款另有约定外，设计人应具有发包人认可的、履行本合同所需要的工程设计责任保险并使其在合同责任期内保持有效。

工程设计责任保险应承担由于设计人的疏忽或过失而引发的工程质量事故所造成的建设工程本身的物质损失以及第三者人身伤亡、财产损失或费用的赔偿责任。

(三)知识产权

除专用合同条款另有约定外，发包人提供给设计人的图纸、发包人为实施工程自行编制或委托编制的技术规格书以及反映发包人要求的或其他类似性质的文件的著作权属于发包人，设计人可以为实现合同目的而复制、使用此类文件，但不能用于与合同无关的其他事项。未经发包人书面同意，设计人不得为了合同以外的目的而复制、使用上述文件或将之提供给任何第三方。

除专用合同条款另有约定外，设计人为实施工程所编制的文件的著作权属于设计人，发包人可因实施工程的运行、调试、维修、改造等目的而复制、使用此类文件，但不能擅自修改或用于与合同无关的其他事项。未经设计人书面同意，发包人不得为了合同以外的目的而复制、使用上述文件或将之提供给任何第三方。

合同当事人保证在履行合同过程中不侵犯对方及第三方的知识产权。设计人在工程设计时，因侵犯他人的专利权或其他知识产权所引起的责任，由设计人承担；因发包人提供的工程设计资料导致侵权的，由发包人承担责任。

合同当事人双方均有权在不损害对方利益和保密约定的前提下，在自己宣传用的印刷品或其他出版物上，或申报奖项等情形下公布有关项目的文字和图片材料。

除专用合同条款另有约定外，设计人在合同签订前和签订时已确定采用的专利、专有技术的使用费应包含在签约合同价中。

(四)违约责任

1.发包人违约责任

合同生效后，发包人因非设计人原因要求终止或解除合同，设计人未开始设计工作的，不退还发包人已付的定金或发包人按照专用合同条款的约定向设计人支付违约金；已开始设计工作的，发包人应按照设计人已完成的实际工作量计算设计费，完成工作量不足一半时，按该阶段设计费的一半支付设计费；超过一半时，按该阶段设计费的全部支付设计费。

发包人未按专用合同条款中约定的金额和期限向设计人支付设计费的，应按专用合同条款约定向设计人支付违约金。逾期超过15天时，设计人有权书面通知发包人中止设计工作。自中止设计工作之日起15天内发包人支付相应费用的，设计人应及时根据发包人要求恢复设计工作；自中止设计工作之日起超过15天后发包人支付相应费用的，设计人有权确定重新恢复设计工作的时间，且设计周期相应延长。

发包人的上级或设计审批部门对设计文件不进行审批或本合同工程

停建、缓建，发包人应在事件发生之日起 15 天内按本合同通用条款〔合同解除〕约定向设计人结算并支付设计费。

发包人擅自将设计人的设计文件用于本工程以外的工程或交第三方使用时，应承担相应法律责任，并应赔偿设计人因此遭受的损失。

2. 设计人违约责任

合同生效后，设计人因自身原因要求终止或解除合同，设计人应按发包人已支付的定金金额双倍返还给发包人或设计人按照专用合同条款约定向发包人支付违约金。

由于设计人原因，未按专用合同条款中约定的时间交付工程设计文件的，应按专用合同条款的约定向发包人支付违约金，前述违约金经双方确认后可在发包人应付设计费中扣减。

设计人对工程设计文件出现的遗漏或错误负责修改或补充。由于设计人原因产生的设计问题造成工程质量事故或其他事故时，设计人除负责采取补救措施外，还应当通过所投建设工程设计责任保险向发包人承担赔偿责任或者根据直接经济损失程度按专用合同条款约定向发包人支付赔偿金。

由于设计人原因，工程设计文件超出发包人与设计人书面约定的主要技术指标控制值比例的，设计人应当按照专用合同条款的约定承担违约责任。

设计人未经发包人同意擅自对工程设计进行分包的，发包人有权要求设计人解除未经发包人同意的设计分包合同，设计人应当按照专用合同条款的约定承担违约责任。

(五)不可抗力

1. 不可抗力的确认

不可抗力是指合同当事人在签订合同时不可预见，在合同履行过程中不可避免且不能克服的自然灾害和社会性突发事件。

不可抗力发生后，发包人和设计人应收集证明不可抗力发生及不可抗力造成损失的证据，并及时认真统计所造成的损失。合同当事人对是否属于不可抗力或其损失发生争议时，按该通用条款〔争议解决〕约定执行。

2. 不可抗力的通知

合同一方当事人遇到不可抗力事件，使其履行合同义务受到阻碍时，应立即通知合同另一方当事人，书面说明不可抗力和受阻碍的详细情况，并在合理期限内提供必要的证明。

不可抗力持续发生的，合同一方当事人应及时向合同另一方当事人提交中间报告，说明不可抗力和履行合同受阻的情况，并于不可抗力事件结束后 28 天内提交最终报告及有关资料。

3. 不可抗力后果的承担

不可抗力引起的后果及造成的损失由合同当事人按照法律规定及合同约定各自承担。不可抗力发生前已完成的工程设计应当按照合同约定进行支付。

不可抗力发生后，合同当事人均应采取措施尽量避免和减少损失的扩大，任何一方当事人没有采取有效措施导致损失扩大的，应对扩大的损失承担责任。

因合同一方迟延履行合同义务，在迟延履行期间遭遇不可抗力的，不免除其违约责任。

(六)合同解除

第一，发包人与设计人协商一致，可以解除合同。

第二，有下列情形之一的，合同当事人一方或双方可以解除合同：设计人工程设计文件存在重大质量问题，经发包人催告后，在合理期限内修改后仍不能满足国家现行深度要求或不能达到合同约定的设计质量要求的，发包人可以解除合同；发包人未按合同约定支付设计费用，经设计人催告后，在 30 天内仍未支付的，设计人可以解除合同；暂停设计期限已连续超过 180 天，专用合同条款另有约定的除外；因不可抗力致使合同无法履行；因一方违约致使合同无法实际履行或实际履行已无必要；因本工程项目条件发生重大变化，使合同无法继续履行。

第三，任何一方因故需解除合同时，应提前 30 天书面通知对方，对合同中的遗留问题应取得一致意见并形成书面协议。

第四，合同解除后，发包人除应按发包人违约责任第一项条款的约定及专用合同条款约定期限内向设计人支付已完工作的设计费外，应当向设计人支付由于非设计人原因合同解除导致设计人增加的设计费用，违约一方还应当承担相应的违约责任。

（七）争议解决

1. 和解

合同当事人可以就争议自行和解，自行和解达成协议的经双方签字并盖章后作为合同补充文件，双方均应遵照执行。

2. 调解

合同当事人可以就争议请求相关行政主管部门、行业协会或其他第三方进行调解，调解达成协议的，经双方签字并盖章后作为合同补充文件，双方均应遵照执行。

3. 争议评审

合同当事人在专用合同条款中约定采取争议评审方式解决争议以及评审规则，并按下列约定执行。

（1）争议评审小组的确定

合同当事人可以共同选择一名或三名争议评审员，组成争议评审小组。除专用合同条款另有约定外，合同当事人应当自合同签订后 28 天内，或者争议发生后 14 天内，选定争议评审员。

选择一名争议评审员的，由合同当事人共同确定；选择三名争议评审员的，各自选定一名，第三名成员为首席争议评审员，由合同当事人共同确定或由合同当事人委托已选定的争议评审员共同确定，或由专用合同条款约定的评审机构指定第三名首席争议评审员。

除专用合同条款另有约定外，评审所发生的费用由发包人和设计人各承担一半。

（2）争议评审小组的决定

合同当事人可在任何时间将与合同有关的任何争议共同提请争议评审小组进行评审。争议评审小组应秉持客观、公正原则，充分听取合同当事人的意见，依据相关法律、技术标准及行业惯例等，自收到争议评审申请报告后14天内作出书面决定,并说明理由。合同当事人可以在专用合同条款中对本事项另行约定。

(3)争议评审小组决定的效力

争议评审小组作出的书面决定经合同当事人签字确认后,对双方具有约束力,双方应遵照执行。

任何一方当事人不接受争议评审小组决定或不履行争议评审小组决定的,双方可选择采用其他争议解决方式。

# 参考文献

[1]徐水太.建设工程招投标与合同管理[M].北京:机械工业出版社,2022.

[2]王晓.建设工程招投标与合同管理:第3版[M].北京:北京理工大学出版社,2022.

[3]张磊,史瑞英,谷洪雁.建设工程招投标与合同管理[M].北京:化学工业出版社,2022.

[4]刘晓勤,董平.建设工程招投标与合同管理:第2版[M].杭州:浙江大学出版社,2022.

[5]薛立,金益民.建设工程招投标与合同管理:第2版[M].北京:机械工业出版社,2022.

[6]张磊,史瑞英,谷洪雁.建设工程招投标与合同管理[M].北京:化学工业出版社,2022.

[7]刘冬峰,颜彩飞,韩小川.建设工程招投标与合同管理:第3版[M].南京:南京大学出版社,2022.

[8]李海凌,王莉,卢立宇.建设工程招投标与合同管理:第2版[M].北京:机械工业出版社,2022.

[9]徐功娣,张百慧,王英伟,等.环境工程施工技术[M].哈尔滨:哈尔滨工业大学出版社,2022.

[10]刘树红,王岩.建设工程招投标与合同管理:第2版[M].北京:北京理工大学出版社,2021.

[11]杨传光.建设工程招投标与合同管理[M].北京:北京理工大学出版社,2021.

[12]郝永池,郝海霞.建设工程招投标与合同管理:第3版[M].北京:北京理工大学出版社,2021.

[13]尹今朝.建设工程招投标与合同管理[M].北京:北京航空航天大学出版社,2021.

[14]江怒.建设工程招投标与合同管理:第 3 版(微课版)[M].大连:大连理工大学出版社,2021.

[15]刘海涛.建设工程招投标与合同管理[M].武汉:华中科技大学出版社,2021.

[16]彭东黎.公路工程招投标与合同管理:第 3 版[M].重庆:重庆大学出版社,2021.

[17]蓝兴洲,周玲.工程招投标与合同管理:第 2 版[M].重庆:重庆大学出版社,2021.

[18]沈中友.工程招投标与合同管理:第 2 版[M].北京:机械工业出版社,2021.

[19]庞业涛,文真.建设工程招投标与合同管理[M].成都:西南交通大学出版社,2020.

[20]陶红霞,任松寿.建设工程招投标与合同管理:第 2 版[M].北京:清华大学出版社,2020.

[21]廖明菊,吴瑜,刘慧.建设工程招投标与合同管理[M].北京:中国水利水电出版社,2020.

[22]王炳章.公路建设工程招投标与合同管理[M].成都:西南财经大学出版社,2020.

[23]武永峰,魏静,年立辉.建设工程招投标与合同管理[M].南京:南京大学出版社,2020.

[24]王振峰,张丽,钱雨辰.公路工程招投标与合同管理[M].武汉:华中科技大学出版社,2020.

[25]刘钟莹.建筑工程招标投标[M].南京:东南大学出版社,2020.

[26]方洪涛,宋丽伟.工程项目招投标与合同管理:第 3 版[M].北京:北京理工大学出版社,2020.

[27]栗魁.建设工程招标投标法律实务精要[M].北京:知识产权出版社,2020.

[28]裘建娜,赵秀云.建设工程项目管理:第 2 版[M].北京:中国铁道出

版社,2020.
[29]赵振宇.建设工程招投标与合同管理[M].北京:清华大学出版社,2019.
[30]韩春威,曹迎春,张俊强.建设工程招投标与合同管理[M].天津:天津大学出版社,2019.
[31]胡六星,陆婷.建设工程招投标与合同管理[M].北京:清华大学出版社,2019.
[32]陈庆.建设工程招投标与合同管理[M].重庆:重庆出版社,2019.
[33]郑兵云.工程招投标与合同管理[M].长春:吉林科学技术出版社,2019.
[34]吴修国.工程招投标与合同管理[M].上海:上海交通大学出版社,2019.
[35]高峰,张求书.公路工程造价与招投标:第2版[M].北京:北京理工大学出版社,2019.
[36]白如银,张志军,孙逊.招标投标实务与热点答疑360问[M].北京:机械工业出版社,2019.
[37]沈韫,胡继红.建设工程概论[M].合肥:安徽大学出版社,2019.